图书 影视

我在
精神病院
种蘑菇

郁闷闷 著

图书在版编目（CIP）数据

我在精神病院种蘑菇 / 郁闷闷著. —— 南京：江苏凤凰文艺出版社，2024.3
ISBN 978-7-5594-8296-9

Ⅰ．①我… Ⅱ．①郁… Ⅲ．①心理辅导 Ⅳ．① B849.1

中国国家版本馆 CIP 数据核字（2024）第 031804 号

我在精神病院种蘑菇

郁闷闷 著

责任编辑	项雷达
特约编辑	周子琦　杨晓丹
责任印制	杨　丹
出版发行	江苏凤凰文艺出版社
	南京市中央路 165 号，邮编：210009
网　　址	http://www.jswenyi.com
印　　刷	天津鑫旭阳印刷有限公司
开　　本	880 毫米 ×1230 毫米 1/32
印　　张	9
字　　数	186 千字
版　　次	2024 年 3 月第 1 版
印　　次	2024 年 3 月第 1 次印刷
书　　号	ISBN 978-7-5594-8296-9
定　　价	45.00 元

江苏凤凰文艺版图书凡印刷、装订错误，可向出版社调换，联系电话025-83280257

谢谢你愿意了解精神疾病，
谢谢你不以世俗偏见看待精神疾病患者。

前　言
与精神疾病共处

在动笔写这篇文字的时候，我仍有种做梦般的不真实感，有生之年，我竟出版了一本书！感谢打开这本书的你，谢谢你愿意了解精神疾病，谢谢你不以世俗偏见看待精神疾病患者。

很早以前我就有写精神科故事的想法，脑补过很多草稿，一直没有动笔，一直在犹豫。这些事情写出来到底好不好，会不会因为言辞不当伤害别人，会不会涉及患者隐私，会不会因为无人关心而没有动力写下去，等等。

直到有天我读了法医秦明的《尸语者》，其中有一篇关于精神病患者的案子，在文章的最后，法医大人也希望以这个案例来提醒大家注意人身安全。那一刻我就像被苹果砸中一般豁然开朗。我作为一名在精神病院工作了十四年的护士，我的工作需要时刻与精神病患者在一起，我看到的、经历的更多，真的很想让大家知道真实的精神病患者，知道患者们异常行为背后的故事。

我自 2022 年 6 月开始动笔，在网络上以改编的方式记录了许多我在精神病院当护士时经历的真实故事，一年间零零碎碎地积攒了十几万字。

在此期间我还得到过很多网友的支持和鼓励，他们关心爱护着自己的家人、朋友，甚至陌生人，也有很多人坚强地为自己努力着。记得有位姐妹给我留言说，她的母亲得了精神分裂症，好多年都没有住院，母亲发病期间她过得很痛苦。她很想了解一些具体的案例，想知道其他患者是如何治疗的，想知道精神病院是不是很可怕……直到搜到我写的故事，她觉得很多事很多人都在共同经历着，不是一个人在孤独绝望地面对。

当然，让我坚持写下去的还是我的患者们。

讲两个小故事吧。

我们医院院史百年，只搬过两次家。我当时想啊，哪怕沧海桑田，我们精神病院也是一个屹立不倒的神秘存在。

在老院址的时候，有护工师傅和我说，曾经有个住院十年的老病人，他的父亲去世了，他的哥哥接他出院回家奔丧。

一个礼拜后，突然有人敲我们病区大门，开门一看正是这个老病人，门边上竟然还有一辆二八大杠自行车。

护工师傅开门问他："你不是出院了吗？为什么回来？"

病人说："逛街迷路了，十年没出院，外面的路和商店都变了，只记得回医院的路。医院没变。"

我们护士长打电话给他哥，他哥只好再帮他办了个住院，自己扛着自行车下楼回家了。

对了，那个病区当时在三楼。

后来新医院建好了，我跟着原来的护士长去了救助病区，专门收治在社会上流浪的或肇事肇祸暂无家属管理的患者。

有个病人，我叫他小四川，他住了一个多月就已经被我们治得很好了。我们联系他的姐姐，希望她能接他出院，但是她却问我们能不能给他打点生活费，让他继续住下去。她不希望她弟弟回家，村里人知道她弟弟有精神分裂症，回家就会有矛盾。

这个姐姐本身是一位村医，她知道她弟弟发病的前因后果，也知道精神疾病也许需要整个余生去慢慢治愈，但是她没有能力让其他人也与精神疾病共处。

我打完电话觉得很感慨，这应该就是大部分人对精神疾病的想法。

我不敢看小四川期望的眼神，也不知道他家人是否愿意再给一次机会，只告诉他还在商量。

在精神病院做护士其实挺苦的，也有些凶险，却少有同事辞职，挺神奇的。

这份工作我品了好几年，发现是加了盐的酸甜苦辣，涩得我满嘴都是感慨。还是要写，要记录，希望在力所能及的工作之外，激起一些共鸣，希望人与人之间有更多的理解。

目　录

- 01　前　言　与精神疾病共处
- 001　她想抢走我女儿
- 025　寻爱替身
- 045　停不下的周夸夸
- 059　我会在你上班时消失
- 071　共生的母子
- 097　他的大脑有自己的想法
- 115　无声流淌的病人
- 133　他们都向我示爱
- 145　癫狂恶邻
- 167　到处都有白色泡泡
- 185　网瘾少年
- 201　爱情避难所
- 217　国道尽头有传送门
- 231　长大的小孩
- 245　寻根流浪者
- 263　我被植入芯片了

她想抢走我女儿

透过玻璃,我看着于超和几个工作人员不断扭打纠缠,我感觉时光倒流了,仿佛大年夜和今天的时空重叠。

两个不同的起因,不断交会,最后重叠成一个结果。

精神病院最怕什么时候收病人呢？在我看来，一个是过节的时候，尤其是中国传统文化中合家团圆的节。还有就是夜班了，特别是夜班凌晨两三点的时候。在这两个时间来住院的病人一般都病得很厉害，家人没法留着过节，急诊没法等到天亮。

某个大年三十的夜班，我就收到这么一个"强强联合"的患者。

"铃铃铃……"

我正喝着咖啡强打精神，听见电话声一个激灵站起来，抬头看了一眼走道上的电子钟，正好是凌晨两点。

"喂，你好，这里是男7病区。"

"我这边急诊，备床！备约束！马上转一个病人，五分钟就到啊！"急诊护士匆匆说道，听筒里还隐隐传来警车鸣笛和男人的嘶吼声。

我放下电话，见护工小周师傅已经推好床在大厅里等着了。有默契，我心想，还朝他竖了个大拇指。这时系统上也跳出了新病人的名字：于超。

我戴好手套，刚拿上约束带，病区大门就被人踢响了，来了，准备搏斗！

刷开门禁,保安们和那病人扭作一团摔了进来。病人力气很大,右手不断把押着他的人推开,双脚气急败坏地乱踢,左手被一根约束带捆扎在背后,想来右手是从急诊过来的半路上挣脱了。按着他的保安大哥身形很高大,竟也稍落下风。

我和小周师傅努力在战团中找他的手腕,这种情况是不指望病人配合了,只能先约束起来再好好谈话。我好不容易把他的右手再次套上约束带,却怎么也拉不动。另一位保安大哥帮我拼命抓住带子,又费了九牛二虎之力把另一端扣到病床上。

病人双手被我们扣住,就像一只红着眼的困兽,冲我们发出阵阵怒吼:"我不是精神病!我不是精神病!"

说着双脚又使出连环踢,大家被踢得无法靠近。我和小周师傅使了个眼色,小周师傅微微一点头,我大喊一声病人的名字:"于超!"他转头看我的瞬间,被小周师傅从背面扑上去按住双腿,我们终于将他四肢都约束住了。

"厉害厉害!"保安大哥们擦着汗由衷感慨,"这人在警车上和警察打,下车以后跟我们从急诊门口打到病房门口,力气还这么大!"

可不是嘛,明明是冬天,我的后背也汗湿了,过度用力的双手在签交接单的时候都有点不听使唤。

于超被迫躺在床上,紧咬牙关,鼻翼猛烈扇动喷着粗气,双眼怒睁盯着天花板,两个拳头死死握着,时不时地挣一下约束带,带起"咣咣咣"的响声。

我理解他,他现在肯定满脑子都是"人为刀俎我为鱼肉"的不甘心。

"小郁，你问过吗？他说话吗？"值班的男6病区的小王医生压低声音问我。

刚刚她走到床边看了一眼病人，于超用充满恨意的眼神剜了她一眼，显然不想和我们多谈。

"急诊交接单上记录，这病人是警察从高速上截下来的，据说开车开到200码，截下来以后警察发现车上还有个两岁的小女孩在哭。询问原因不回答，病人下了车就开始打人，打警察，打保安，警察怀疑他拐卖女童！"

小王一惊，马上又说："不会吧！拐卖女童敢开到200码？"

我无奈地两手一摊，于超是从外地开车来的，家属还没赶到，我们知道的也就是急诊交班的内容。小王医生给于超开了针地西泮[①]，想让他安静休息会儿。

我刚帮于超打完针，门铃又响了，保安说是于超的家属来了。于超的身份信息显示他家在几百公里外，我疑惑，家属怎么这么快就到了？

我刷开门禁，只见一位愁容满面的青年男人半扶着一位披头散发的女人站在外面，女人很憔悴，一时看不出年纪。

她虚弱地抬起头，双目赤红，声音也嘶哑了，问："于超，在

---

① 地西泮：用于治疗焦虑症，亦能减轻短暂性情绪失调、功能性或器质性疾病和精神神经性疾病所致的焦虑或紧张。

这里?"

我问清来人身份,女的是于超的妻子,男的是她的哥哥。

我安排他们坐下,倒了水,告诉他们:"于超现在状态不稳定,什么也不讲,你们知道情况吗?"

"知道,于超想把女儿带走,不想让我妹妹找到,他脑子有病!"男人恨恨地说。

于超的妻子轻咳几下,稳定了一下声音,说:"于超是不对劲,他本身是有点多疑的人。自从我们有了女儿,于超就变本加厉地多疑,他怀疑有人要杀女儿,怎么跟他证明都没用。我想带他看心理医生,他就跑,跑到别的城市,不和我们联系,电话也关机。"

"那么这种情况有两年了?"我记得病史上说他的女儿两岁。

"是的,一开始偷抱女儿出去,但是女儿太小了,要喂奶,要找妈妈,于超出去一段时间会回家的。但是女儿年龄越大,他带出去的时间越长,有一次都二十四小时不回家了。我到处都找不到女儿,我急疯了,报警才找到他们!于超的理由是带女儿出去玩,手机没电了。

"后来,我不敢上班了,就在家看着女儿,我总觉得于超心里有打算,他不说话的时候就在想事情,会偷偷观察我在干什么。我真怕他把女儿带走再也不回来。快过年了,我带女儿回娘家住了一段时间,今天他突然上门来说想一起吃个年夜饭。我想过年一家人要在一起的,就让他进了我妈家。谁知道他趁我们烧年夜饭的时候,把女儿偷走了!"

于超的妻子说起伤心事，忍不住崩溃大哭，我递给她纸巾，她勉强收住情绪又道："我发现他出门以后立刻就报警了。我和我哥开车追他，我们开了几个小时追到这里，可能是刺激他了，他越开越快。我们害怕死了，我们不敢追了，女儿还在车上呢！"说完，她泪流满面，累极了似的伏在桌上。

我心中不忍，拍拍她，告诉她可以平复一会儿，再让医生过来问病史。她无力地抬起头看着我，眼神空白，说："你们治治他，他真的疯了！"

病史记录	
姓名：于超　性别：男　年龄：33岁　病史：2年	
诊断	偏执型精神分裂症。
患者信息	职业：公务员。 两年前渐起敏感多疑，与同事关系差，针对领导，常因小事争执，脾气大、易激惹。
病程记录	今年2月起，感到被监视，认为有人跟踪自己、加害其两岁的女儿。多次抱女儿外出躲藏。今夜患者在沪宁高速驾车时严重超速，被高速警察拦截后，发生搏斗，接触时语无伦次，情绪异常，直接送入院治疗。诊断为偏执型精神分裂症。

我进入工作系统，看到小王医生的病程记录首页上如是说。

巡视时我又仔细看了看被约束起来的于超，他微张着嘴巴已经沉沉睡去，地西泮开始起作用了，我试了试约束带的松紧也没有弄醒他。这个年他过得很忙，在丈母娘家偷出女儿，夜间超速疲劳驾驶，截停后又与警察搏斗，来医院又和我们挣扎了一番，他也该累了。

> 患者的面部、脖子、手臂皮肤有多道划痕，均为在外搏斗所致。

我在护理记录上写道。

03：10 患者入睡。

可能是病房安静了起来，我刚有些迷糊，突然听到有人叫"护士"。我聚焦了一下眼神看看时间，已经是新年第一天的清晨五点整。

"护士。"病人又叫，声音听着很陌生，是于超。他只睡了两个小时，但是人看起来清醒多了，情绪稳定，表情自然。

"我女儿在哪里？是不是在警察局？"于超问了他最关心的问题。

"在你老婆那里，你老婆昨夜追到本市，女儿已经被她带回家了。"我说。

于超默然，随后又一笑，说："也好。"

"你知道这里是什么地方吗？"我觉得他也太能接受了，和昨夜判若两人，莫不是忘记这是什么地方了。

于超无所谓地说："精神病院嘛，你是精神病院的护士。我老婆一直要带我来的。我没病，我清楚得很，你们不要把我当傻子，内幕我都懂。我只是保护我自己的女儿。保护女儿有什么错？"

我点点头，他的片面之词我也接受，又问："你还记得吗？你当时开车越来越快，飙车飙到200码，被高速警察从路上拦下来的。幸亏当时那条道上没车啊，不然多少人要出事？何况你女儿还在车子上，你觉得这叫保护？"

"你也说了是无人路段，说明我是有判断能力的，我自有分寸，我开车技术很好。我只是没注意到车速，当时很晚了想快点到目的地，我赶时间。我没有精神病。"于超晃了晃约束带，用命令式的语调对我说，"开锁！"

我很想给他开锁，但是我不能，于是我便岔开话题。

"你本来要去哪儿？"

"已经去不了了，还说什么？"

"为什么突然开那么快？"

"赶时间。"

"有人催你吗？"

"没有。"

"你开车时有没有什么与平时不同的情况？"

"没有。"

"听说有人会威胁你女儿的安全?"

"没有。我带女儿旅游,开得快是赶时间,还要我说几次?我和我老婆有矛盾,所以她说我有精神病。我是正常人,你看我正常不正常?我逻辑有没有问题?你们精神病院护士能不能不要看谁都有病啊!"

于超又怒了,偏过头不再理我。我什么症状都没问出来,每个问题他都有个"合理"解释,我在记录上写道——

患者态度抵触,具体思维内容不暴露。

有人要问,于超确实逻辑清楚,你们怎么判断他有病?

院里以前也收治过类似的患者。有一年,院里收治了一位大学老师,老师在评职称的时候受到一次挫折,渐渐觉得校领导在"刁难"他,评上职称的老师都是给了"贿赂"。他开始千方百计地收集所谓证据,跟踪领导。后来校方出面要求这位老师住院。同样,他在回答问题时都经过"深思熟虑",甚至逻辑严密合理。反而是我,一度被他解释得哑口无言。

但我们回到精神病学中妄想的概念:"妄想是在病态的推理和判断的基础上所形成的牢固的信念。妄想内容与事实不符,缺乏客观现实基础,甚至有相反的证据,但患者仍坚信不疑。妄想内容是个体的心理现象,文化背景和个人经历对妄想内容的表达会有所影响。妄想内容涉及患者本人,且与个人有利害关系。只有在确定个体的思维同时满足上述特征时,才能认定为妄想。"

像这样具体思维内容不暴露的患者，一般通过监护人的描述、患者发生过的行为来印证他的意图。异常心理现象可概括为感知、思维、记忆、注意、智能、情感、意志行为、意识，以及人格（性格）等方面的障碍。我们探知他的思维内容仅是精神科评估的一部分而已，但是思维内容又非常重要，精神科护理上需要从思维内容分析风险，制定预案。

于超入院的第三天，情绪稳定了许多，我们遵医嘱给他解除了约束。他似乎"想通了"，表现得非常好，安静地合作，服药也配合，唯一的要求就是看看书，希望我们联系他妻子，送点书来看看。他觉得和别的患者没什么好聊的，没劲。

于超入院一周，可以给他安排脑电图检查了。对于这类检查，我们单位是按病区规定时间进行预约制，一般一次性预约十名患者，再由护士和接送护工一起送患者们集体去功能检查科。

那天，于超的问题很多，他说从来没检查过脑电图，才随便问问。于超一边走一边问接送护工："一共要进行多少检查项目？病区多少人去？远不远？要检查多久？检查太久要上厕所怎么办？"

接送护工看着于超很和善的样子，热情地回答了。

我总觉得他问题太多了，但是问得又很正常，突然叫他别问就很生硬。我的徒弟小李看出我有点在意，他说："老大，你在看于超？你觉得他有想法？要不，我站于超后面去吧。"

此时我们正走出楼道，队伍往功能检查科方向拐弯，小李正在往前快走几步。于超突然回头，看到小李往前的瞬间，迅速掉头，往功能检查科相反方向跑去！

他想跑！他还是要跑！

小李已经拔足飞奔去追人，边跑边喊："帮忙！帮忙！"

我马上把剩下九人围成一圈，由接送护工看着，我在通道处向住院处的门口大喊："保安关门！保安关门！"

我们单位的住院处入口特地设计得很小，仅一张病床宽度，门口有一名保安值班。横贯三栋住院楼的通道很长，约有一百米，有一名保安巡逻，通道两头的门有门禁。往前就是门诊，门诊的巡逻保安更多，各科医生们的诊室门口也有保安。追人途中小李会不断呼叫帮助，医院大门口有查验健康码的闸机，还有导诊员、护工、志愿者……

我和小李的大喊并没有震慑到于超，他甚至加快了脚步。我远远地看到他把一位帮忙的白大褂推得踉跄倒退，狂风一样地刮出去了。

我身边还有九人，我不能离开去追于超。如果剩下的人也起了跑出去的念头，我和护工绝无可能拉住他们。

于是，我做出放松的表情对病友们说："很快就会追回来，大家等他一会儿。"

几分钟后，护士长派了小金和小鱼下楼支援。一见面，小金就对我伸出两根手指头作跑步状，说："唉，这下我们病房出名了。病人嘛，追得回来；奖金嘛，跑了。"我哭笑不得，把病人们交给她俩，自己回去善后。

于超回来的时候，我正在办公室和护士长汇报情况，斟词酌句，态度端正，手都放得规规矩矩。透过玻璃窗，我看着于超和几个工作人员不断扭打纠缠，我感觉时光倒流了，仿佛大年夜和今天的时空重叠。两个不同的起因，不断交汇，最后重叠成一个结果。

办公室隔音效果不错，于超像一条落入网中的鱼，不断翻腾、挣扎，嘴巴一张一合的。小李和保安在战团中好不容易扣住他的手腕，还是小周师傅扑上去按腿，这次他扑得有点熟练了。

"待会儿去安抚患者，向床位医生说明情况。还有，别忘了上报不良事件。"护士长说。我知道，她还得去护理部申请看监控，查明整个事件的前因后果，看我们的应对是否及时。患者外跑属于安全方面的意外，万一患者在住院期间发生失踪或伤亡，医院要负责，我们整个科室都会赔得抬不起头。

我回病室来到于超床前，他竟然像看到什么搞笑视频似的，对着我"哈哈哈"地大笑起来，我看着他，突然明白了小说里描述的"笑不达眼底"是什么意思。

"我们哪里做得不好吗？"我稳了稳自己的情绪。

于超沉默。

我其实有些感谢他，他本身是很有素质的人，没说过污言秽语来贬低我们。

"我不明白，我很想听你解释解释。你这一周表现得真的很好，我想如果你保持这种状态，配合治疗——"

于超听到"配合"二字不由得冷笑起来，笑完朝我怒吼道："配合？配合什么？我重申一次，我！没！病！"

说完，于超又开始"咣咣咣"地砸床栏，那床栏就是他的出气筒，这些杂音代表了他发自肺腑的呐喊。

我不太阻止患者砸床栏，砸就砸吧，坏了打电话给后勤维修组修呗。如果能以这种方式发泄掉苦闷和压抑，也挺好的，起码他没有伤害别人或者伤害自己。说到底，他的挣扎反抗对他自己来说，也许叫作自卫。但精神科护士不能与患者争辩和讨论症状的真实性，只需要在恰当的时机，肯定其所见所思的"个人感受"的真实性，暂时认同患者的所见所闻。之后再弄清楚事情的实际经过，了解患者的情绪反应，把事实本身与患者的主观感受剥离开来。

于超砸了一会儿像是不耐烦了，忽地坐起来对我说："护士，我实话告诉你，我老婆才有病。她怕我把她关起来，才先对我下手！我这几天想明白了，大年三十晚上发生的事情都是圈套！我入套了！"

"怎么说？"我放下手中的笔，开始进入于超的逻辑世界。

"一年前，我渐渐发现我老婆经常背着我上网搜索东西。我觉得很好奇，但我一表示出想看的意思，她就马上按掉界面，顾左右而言他。有天晚上,我趁她睡着,看了她的搜索记录,她搜索的都是精神分裂症!你知道,现在一个人身体不好的时候总会上网搜搜,百度一下,看看症状什么的。如果她没病,她为什么突然要搜精神分裂症?"

"有道理。"

"还有,每次我去抱女儿,她都很紧张。我作为一个父亲,抱抱自己的女儿,她紧张什么呢?我抱女儿出去,她眼神就不对劲了,像防着我。如果她没病,为什么要防着女儿的亲生父亲?"

"确实。"

"好,你认同我的话了。我还有证据,大年夜那天,我老婆的哥哥一直在暗示我一些事情,比如他问我最近有没有接触什么人,有没有受人影响,负面的那种影响,对我老婆和我女儿今后有没有计划。如果不是我老婆出了问题,她哥哥为什么要含沙射影?"

"所以,你一直认为你老婆得了精神分裂症?"

"证据都告诉你了,还要我怎么说?!"

"你为什么经常抱女儿出去?一出去就很久不回家,为什么呢?这是我不能理解的地方。"

"因为我老婆的眼神不对劲,我觉得她的眼神有含义,她不太想要孩子,我怕她做出什么事情害女儿。我必须为我女儿先做出反应,安全了再回来。"

"高速飙车也是因为这个?"

"不是故意要飙车,我是踩油门踩得忘记车速了。那天我听见她和家里人商量,要把女儿一直留在娘家,我绝不能接受!我老婆情绪不稳定的,她老是哭,还会偷偷哭。我开得快也是因为她和她哥跟踪我,她想抢走我女儿,我先下手罢了!"

我走出于超的逻辑世界,深表震惊,他和他妻子的描述竟然互为因果,那么到底谁才有病?

"于超,你有没有病,我作为一个护士无法做出诊断。但是你的生命安全我有责任,你不能再跑了,你尝试过了,我们就会加强安保,没有必要彼此折磨,你觉得呢?"

于超没理我,不置可否。

我家里有幅年代比较久的水墨画,传承了几代人,其中一位估计是不甚爱惜,害得画上被虫蛀了几个洞。传到我妈手里时,她很介意,就托人重新揭裱。揭裱时需要师傅对画做全面评估,把原画裁出来,淋水,慢慢把画心从旧裱上分离,再托底,修复,最后重新装裱。画还是旧作,却也是新的。

精神科的治疗有时候就像这个揭裱的过程。

我们评估患者,提取出他的精神症状,给他药物治疗,改善认知,最后修补他心灵的"洞",裱一个给他安全感的"底"。

于超的"严密逻辑"其实并没有动摇我,但我需要给他一个暂时的"感同身受",药效到位以后再去"剥离"。他这种其实是非常典型的系统型妄想。妄想的内容前后相互联系、结构严密,他的描述中有一个核心问题——怀疑妻子得了精神病。于是围绕这个核心,他会将周围所发生的无关事件与妄想联系在一起,自我援引演绎,缓慢发展,最后变成一个结构牢固的妄想系统,难以打破。

我向于超的床位医生和护士长汇报了于超的"证词",并且主动上报了不良事件。护士长说她会亲自与于超再沟通,达成不外跑协议。

对于超来说,我的上级领导给出的承诺和约定,比我说的更有效力;对我来说,接下来的工作会顺利许多。我不知道护士长具体和他说了什么,但是于超看起来确实"安分"多了。

就这样又过了几天太平日子,我以为事情会一直这样顺利下去,于超会像其他病人那样按部就班,完成整个疗程,宣教,出院,皆大欢喜。

于超在出逃计划失败后,话更少了,还是看看书,发发呆,关注的点转移到了每周三次的电话、视频探视上,他每次都要通话。

患者们都很珍惜这个机会,有时候增加一次通话,让家属觉得自己病情稳定了,就是增加一次提前出院的机会。

轮到于超时,我拿出公用手机给他,他双手接过时简直有些虔诚,连说了三四个"谢谢"。

拨通电话后,于超明显压低了声音,显得声线低沉又柔和:

"老婆,你最近还好吧?我挺想你的,也想女儿。

"对,老婆,我很好,我保证不会再抱女儿出去了。

"嗯,老婆,你相信我,只要你接我出院,我可以写保证书,我绝对做到。"

"你相信医生?你怎么不相信我呢?你要我怎么做才会相信我?"于超开始激动了,我连忙走过去干预。

"喂?喂?"于超难以置信地看着通话结束的界面,猛地把公用手机往地上一砸!迟了,手机弹到我鞋上。

排在于超后面的病人冲上去,猛揪住他的衣领,一拳砸在他脸上,吼道:"你摔了,我们用什么?!"

我真的怒了,真是大年三十夜班来的,连个年都过不下去的超强病人啊!这于超真是一出又一出,循环再循环啊。

"护工师傅!帮忙!"

精神科的同事们都有条件反射,听到翻天覆地的响声就纷纷冲进来,分成两组,各自稳好病人。保安到达时,同事们已经把于超带回一级病房了。

事已至此,我没办法跟于超沟通了,我觉得自己在白费口舌。他就像块撬不动的顽石,我的杠杆,"啪",折了。

我决定去找负责于超的床位医生老董。此时,老董正坐在办公室抖着腿喝茶,唱《五环之歌》,看他的神经梅毒文献,这是他最近的研究方向。

"董医生,你这个年过得不错啊?"我笑着对他说。

"那还不是因为郁老师一整年的关照,哈哈哈哈。"老董看起来挺欢乐。

我把"肚破肠流"的公用手机放在他桌上,温柔地说:"那你报答我吧,这个赔一下,谢谢。"

"凭什么?"

"凭是你的病人砸的。"

"你自己没看好。"

"你治疗不到位。"

老董抖腿的毛病突然好了,身形一正,打开医生系统,帕金森一样指着屏幕说:"你看看这个药量,你看看到不到位?"

我逐条看着医嘱,老董已经给于超改了氯氮平,前天还加药一次,药量确实已经很足了。可是于超这个大闹天宫的劲头是从哪里来的?

老董的眼镜片反射出幽光,他问道:"药,真的吃下去了吗?"

藏药,精神病患者对抗治疗的常见方法之一,精神科护理四防之一。四防分别是防冲动,防外跑,防自杀,防藏药。在于超这里,可能已经破防三次了。

我戴上手套,要对于超进行一次彻底搜查。

我已经熟悉了于超的性格,也不绕圈子,单刀直入地问:"于超,你最近有没有好好吃药?"

"吃了,你们每次不都要检查的吗?"

"好，我要再检查，请你配合。"

"随便查。"于超闭上眼睛，显得大义凛然。

我搜了他病号服的所有口袋，面盆水杯，床垫被套枕套全部拆掉换新，一无所获。挺好，于超至少没有蓄积药物。

"我吃了。"于超再次肯定道。

小李推了个治疗车过来，对他说："抽血，查你的血药浓度，用实验室报告证明。"

"凭什么又抽我血！我不抽血！"于超左右挣扎，前后摇摆，不让小李扎压脉带。

于是，我又去找他床位医生的晦气。老董很识相地过来替我们按住于超的胳膊，说："于超，你这样其实很危险。首先耽误你自己出院，你其实控制不了情绪，很多行为都是你冲动导致的；其次耽误我给你治疗，因为我不好判断你的病情了，万一我药量用大了，你那次刚好吃了，你就会过度镇静，这个锅谁来背呢？"

"你给我吃药！你就是个庸医！"于超恨道。

"行吧，那不吃药了。"血已经抽好，老董潇洒地大手一挥，说，"满足患者的合理要求，今天开始改成打针。"

于超啊于超……

血报告结果出来了，他的氯氮平浓度非常低，藏药是实锤了。可是每次发药我们都带着电筒查看口腔、水杯、指缝、口袋，确保患者咽下去。他会变魔术吗？层层检查之下要怎么藏，藏哪里呢？

"他都上厕所吐喽。"说话的是于超邻床的老病人——总裁。

他像是看穿了我的心思，幽幽说道："我前天中午拉屎拉不出来，正蹲呢，他进来在我隔壁坑位抠喉咙。"

啊，对了，于超常常要求上厕所。我们的厕所不能安装摄像头，必须保护患者隐私。所以这一切都只能猜测，最有可能的情况是他一方面大量饮水，促进排泄，另一方面假借上厕所，实则刺激咽喉引吐，药物治疗压根没有跟上去。

总裁确实对我们病房的一切了如指掌，我赶紧去茶歇室找了一根香蕉伺候总裁吃，我说："下次早点告诉我，我给你剥两根。"

"中。"总裁一边吃一边答应着。

几天后，于超的老婆来了，这次不是来找于超，而是来找我的。我纳闷得很，哪儿有家属点名找护士的？

她扎着一束整齐的马尾，淡淡的妆容，站在门外，颇有无风香自远的气质。瞬间，我脑海中已经回忆不起大年夜里她绝望苍白的模样。

"小郁护士，"她微笑着打了声招呼，递过来一个纸袋，说道，"听医生说，于超砸了你们的手机，对不起，这是赔给你的。"

"没事没事，那个破手机不值钱的。我刚好有理由换新手机，已经把旧的留在病房里用了，我们领导同意的。"我掏出新手机给她看，膜还没贴，手机壳还在路上。

"你看,国家也不允许啊。"我又指了指墙上的宣传栏,图文并茂地写着卫健委的"九不准"。

"我本来就想换手机的,真的,本来还犹豫,现在刚好有理由了。"我补充道。

于超的妻子笑了,她说:"那我不能为难你,我待会儿找你们护士长吧。但还是要跟你道歉的,真心对不起。"

我摆摆手,顺便告诉她于超藏药的事。一般发生过藏药的患者,回家后还有可能发生藏药。她家里还有个小朋友,万一翻到了精神科的药品,非常危险。我必须提醒她保管好于超的药。

"嗯,一定。我还听说,他一直以为我有精神病,还说我会害女儿?"

我不知道该怎么回答,怕实话实说会伤透她的心。我不确定在现在的于超眼中,他的妻子是什么样的角色。她的关心和焦虑,被敏感多疑的于超进行了反向解读,并且他把日常生活中无关的信息都赋予了病态的含义。

长达两年的相互猜忌里,他们之间还有感情吗?她能理解于超吗?

有人说,爱是激素分泌,爱是多巴胺产生;有人说,爱是人间烟火,爱是岁月漫长。精神科不浪漫,甚至很残酷,常常让爱经受考验。精神科让人类思想底层的黑暗和恐惧浮出水面,让人性中的弱点袒露于光天化日之下。你爱的人在精神折磨中也许变了一个人,他顶着原来的躯壳,却有了完全不一样的灵魂。

她的声音打断我的思绪,她又说:"我还想问问,正常人能做精神鉴定吗？"

我一愣，我从没听说过正常人要做什么精神鉴定。

她眼里很是期待，接着说："我是这样想的，于超是个讲究事实依据的人。如果你们能给我做个鉴定，有了官方的文件，他应该就能相信我没有精神病了，他是不是就会好？你觉得这个方法可行吗？"

她似乎已经深思熟虑过了。

"不能，我们的精神鉴定其实叫作司法鉴定，是判定当事人是不是精神障碍，是否有刑事责任能力的。普通人没法申请这个鉴定。患者的那个叫作诊断，其实不叫鉴定。"我解释道。

"哦，这样，是我想当然了。"她肩膀一塌，很是失落。

回到一级病房，我给于超换了一根红色腕带，代表他是极高风险患者，以后每班工作人员看到这个腕带，都会对他进行严格"四防"。

随着药物治疗的跟进，于超有段时间很困，每天都有十个小时左右的睡眠时间。睡眠很重要，睡眠对大脑的恢复是不可替代的，并且不能被提高性能的休息时间所取代。每次醒来，他的眼神都变得更加清明，我知道他正在恢复。

患者近一周表现安静合作，情绪平稳，表情神态自然，服药配合，未见明显不良反应。日常生活自理，能参与康复活动，已完善相关检查，自知力部分恢复。

我在护理记录上写道。

"手机的事情，对不起。"于超走过来说，"那时候我真的太想回去了。我老婆把电话一挂，我突然就控制不了心里的火，我觉得我不应该在这种地方。"

于超已经可以把事件与感受"剥离"，用平稳的情绪回头审视自己。

他和我谈起妻子，他说："我觉得我老婆会和我离婚。我做了很多错事。"

"不会吧，你老婆人很好。"我停下笔，发自内心地说。

于超停了一会儿，似乎正在自嘲，又说："会的。"

"于超啊，你能不能不要这么犟啊？"我无奈地说，"你看过《杀死一只知更鸟》吗？有时候你看到的并非事情的真相，你了解的也只是冰山浮在水面上的一角。咱们也相处一段时间了，你给我的感觉是非常讲究逻辑关系的。但是人的情感太复杂了，推理不了的。你对外界的态度决定你的内心体验。你自身的精神定力，决定你未来的方向。"

于超没有反驳。

我忍不住告诉他："你发病最严重那会儿，你老婆来过，她愿意为你去做精神鉴定。她说，如果有鉴定报告，你肯定就会相信她，就会变好了。"

于超出院那天正月也结束了。

我是下夜班,已经提前告了别。回家时在医院停车场,我遇到了于超的老婆,她叫我,站在一棵红梅树边挥着手。

真好,回家去吧,我也向她挥挥手,不说"再见"。

寻爱替身

让人栽进精神病院的爱情,肯定是一杯毒酒吧。

昨天下午是我们的电话日，病人们可以打电话给家人，但仅限家人，朋友同学都不行。这是为了病人们的安全考虑，也防止发生纠纷。可是在我反复强调后，有个病人还是骗了我。

她是被一个网友以谈恋爱为由约到本市的，但开了一次房人就消失了。病人人财两空，崩溃之下发病了。她没有食物，在一个超市偷果冻，又言行异常，被老板发现报警送到精神病院。来了以后她竟然还要打电话找这个男网友，我坚决不许她打，她跟我闹了一个多礼拜。昨天她又闹着打电话，不给打就躺在地上不起来。

我说："除非打给你的父母，别人都不行。"

她想了会儿说："好。"

结果一拿到电话，她就拨给男网友。我怕她再受骗，逼她按了免提，按掉之前我听到那个男网友说："你哪位？我不认识你。"

病人立刻就崩溃了，我想把她从地上抱起来，她用力往地上赖……拔河拔了几次之后，我没力气了，我无奈地蹲地上陪她，默默拨通保安电话。

李银河说，陷入爱情就像喝醉了酒，时刻处于一种微醺的非理性状态。

精神科常常要处理醉酒,一是靠药物,二是需要时间。可爱情不一样啊,让人栽进精神病院的爱情,肯定是一杯毒酒吧。我心中长叹。我可以陪她哭,陪她熬,却劝不了什么,我们这里也没有治失恋的药。

我听着她一声高过一声的号啕,倒是想起了另一个很安静的女病人。她叫王姝,带着儿子来住院的一个病人。

一直没有写她,因为这个故事听起来颇有些离奇。

病 史 记 录	
姓名:王姝　　性别:女　　年龄:33岁　　病史:7年	
诊断	/
患者信息	王姝语焉不详,家属关系复杂,没什么人可以提供准确的病史资料,临床上也无法精准地诊断。

王姝有着典型江南女子的长相,眉眼清秀,身材纤细,说话声音如摇铃般清脆。病史上说,王姝是长住酒店不付钱与酒店经理吵架的。我想,她这样的人吵架有啥杀伤力啊。我看过救助站的资料,得知她是上海人,本科学历,还带着个孩子住酒店。她的身份信息很明确,父母很容易就找到了,但是联系了她的父母,对方却要求让她婆家来接管。

可婆家呢,一查竟然有三个,都是离异状态,也就是说她有前前前夫、前前夫、前夫。这该找谁啊？我们第一次在这种问题上陷入了选择。

我对王姝的了解不深，我能感受到她不太信任我们。有些患者是这样的，尤其是学历较高的人。他们明知妄想内容不符合事实依据，不符合客观规律，但他们有说服自己的理由，不足为外人道也。

精神科也是有点玄学在的，这个患者是否信任医护，看眼神就知道了。一般来说，患者愿意看着我，我才有对话资格；如果闭着眼对答，患者是带着厌烦情绪的；如果问话时看着别处，东张西望，患者内心则是警惕的，此刻我的眼神就要坚定，语言不能带一丝的情绪。

刚入院的几天，王姝与我讲话的时候从不与我对视，她的目光时常聚焦在我的胸牌上，似乎在看我的职称，看我是否有资格跟她对话。

我主动把牌子递给她，搭话道："我这个姓好像不多啊。"

"郁。"她轻轻念道。

我点点头说："嗯，以前有个病人问，什么'yu'？我说郁金香的郁。病人说没听过。我只好又告诉他，郁闷的郁，抑郁症的郁。病人说，'哦，我知道，郁闷的郁啊'。你可以叫我名字。"

王姝莞尔一笑，抬头看了我一眼，像是画龙点睛般鲜活了一瞬，伸手把胸牌还给我。

每个人都有很多面,比如我并不是一个很会聊天的人,但工作中遇到的很多病人都非常警惕或性格内向。为了评估精神症状,常常需要我硬撑一个开场白。

有人问,怎么让病人信任你,说出心中症结呢?

我也不知道。

我不确定病人是不是信任我,交谈时有没有保留。这个过程通常是反向的,我先递交我的信任,出示我的真诚,表明我的无害。只要病人愿意说,我不会表现出一丝怀疑和反驳,我相信以他们的视角来看都是事实。

开场白以后我例行问了几句,比如一般资料,睡眠饮食,情绪反应,王姝一一答了,有理有据。我设了几个"坎",她也回得很有逻辑,甚至略有些咄咄逼人。

比如我问:"听说你住酒店不付房费,以前也这样过吗?"

王姝马上接口反驳道:"你知道事情经过吗?这是酒店经理的个人揣测,那个酒店本身管理有问题。他服务不好,问题没有解决,我为什么付钱?我刚辞职带孩子出来散散心,不想谈以前。"

王姝是闭着眼躺在床上回答的,这种表现是无声的抗拒。

查看精神科的病历记录就知道,有些对话感觉没什么营养,但是在临床上,我们在现场问答的过程中,从她的神态语言各种微反应中可以得出很多信息。例如:我可以知道王姝住过院,也许不止一次;她长期服药,只是最近几个月失去监管;她近期可能发生过重大心理应激事件，辞职和离婚；她存在被害妄想，这个妄想还有些泛化，她不确定我是不是好人；她很聪明，她想让我告诉她更多。

我在脑中总结着，沉默让王姝有点难受，她不由得翻了个身背对着我。半晌，王姝转过身体，问我："我想我儿子了，他现在在哪里？"

"警察带走了，应该会安置在派出所等他爸来接吧。"我其实也不确定。像王姝这样独自带着未成年子女到外地，发病后又强制住院，四方家属扯皮最终无家属监管的，真是万中无一。我想救助站都没这个先例。

王姝听了又开始反驳："你们之前都这么处理吗？如果你不是亲眼看到，我怎么相信你说的都是真的？我不确定我的孩子安不安全，我要求和我的孩子通话。"

好了，果不其然，这个棘手的问题终于来了。

我当初接她的时候就觉得十分头疼，王姝的儿子才六七岁，哪有不担心孩子的母亲呢？有个牵挂在外面，怎么能安心住院？我扪心自问，换作是我，我也做不到的。

"不好意思，派出所的电话我没资格打，医院的制度不允许，请你不要为难我。我唯一能做的就是告知你事情的结果，你儿子在派出所绝对安全，你也看到是一位女警带着他的。"我试着安慰道。

王姝又闭上眼沉默了，我心底里却升起莫名的焦躁，耳边变得嘈杂又清晰，浑身细胞都敏感起来。明明周遭有其他病人的说话声,头顶上的新风系统正发出机械噪声,我还是感到秒针嘀嗒嘀嗒,正在计时。

"我不跟你烦,你不过就是个护士!"王姝话音刚落就坐了起来,字字句句砸在地上像是花瓶碎裂,崩出去的尖瓷片还能扎心。

她突然加快脚步,企图冲到一级病房门口,被我提前越过一胳膊拦下。真是风险性工作做久了,身体会比大脑更早预判。

我不想事态恶化,劝她道:"王姝!别出去,有话好商量。"

王姝很会审时度势,我比她高比她结实,拦着她的模样估计也是气势很足。她也不继续往前走了,抬着下巴用眼角余光朝我一刺,似乎在暗示我做了多余的事情。她伸着细细的脖子开口高喊道:"医生!医生!我要找床位医生!王姝的医生在哪里?!"

"别喊了,你早说找医生,也不至于浪费我们的时间。"小南是我今天的帮班,她听了有些生气,想把王姝拉回床位那边,毕竟病人站在门口大声叫唤,护工就会先过来了。小南刚抬了抬手,王姝就警惕地一退,两步绕过小南,又不依不饶地伸头在门口大喊,声音带着一丝尖厉:"护士长!护士长!你看她们要干什么!不好了!你快来啊!"

我俩一愣,还能这样?还有这种操作!怪不得那个酒店经理要报警,冤死了,我现在也想报警!

"你!你等好!"小南撂下话风风火火地往医生办公室去了。

趁着王姝的注意力在小南那里,我猛地一反手抓住她的胳膊,防止她真冲出门,到时候下了约束医嘱,和护工动手拉扯起来可就难堪了。

"松开，我自己走！"我平时上男病房的班比较多，握力大，王姝立刻感受到战力悬殊，尖叫一声甩开胳膊，自己坐回去了。原来她也是点到为止。

"下次没必要这样，护士站有监控显示器，我们护士长早就看着了。"我诚恳地告诉她，指了指刚刚我们站的位置，一级病房门口对面顶上架着 4K 高清摄像头，它可不会冤枉人。

"王姝，你知道吗？你确实很聪明，但是像你这样的病人挺多，精神病院拉拉扯扯的事情避免不了。你住过院吧，所以你懂。这 4K 高清摄像头就是防止护士被病人冤枉用的。"

王姝顺着我手指的方向偏头一看，我观察着她的表情，她的瞳孔略微一紧。

"所以，你要找我说什么？"不知什么时候，她的床位医生小张已经到了。小张医生拍拍我，让我去忙活别的病人。

我想起哲人说过，偏见是基于思维惰性产生的认知局限。如果一个人的经历和信息量非常有限，思考模型也会非常单一，当实际情况不在她的模型内时，偏见就开始攻击了。

想着想着，心中的一丝愤懑也淡了。

这时，小南拉了拉我的袖子，轻轻说道："走，咱们去听听王姝说什么。"

于是，我们转到王姝床位后玻璃墙的另一面。

精神科很特殊，病房里二十四小时都有护士在场。从安全的角度来讲，病人确实没什么独处的时间，上厕所超过十分钟护士都会去"捞"。我们的医生做诊断、定治疗方案、下医嘱，护士是陪伴者、观察者、执行者。

因此，我们必须了解每一位患者，病人的陈述在医护之间是分享的。王姝不明白，每一位医护的心都是一样的，都希望她赶紧好起来去带儿子。

王姝显然只相信医生，我们离开后她语气急切地对小张医生说："医生，这地方我一刻也不想待了。我是被人陷害的，我反抗不了就算了吧，我想带儿子离开。"

"你可以说一说，我会给你参考意见。"小张医生对她说。

倒带，时间拨回到一周前。

王姝又辞职了，她的父母知道之后与她激烈争吵，叫她滚出家门，王姝索性帮一年级的儿子办了个退学手续，她这次要换个城市生活。

烟花三月，江南春美，她选了本市作为旅途的第一站，找了一家五星级酒店准备入住一周。王姝说，她是个非常谨慎、非常注意安全问题的人，单身女性带孩子出门更要谨慎。她到了酒店就开始检查酒店的安全设置，检查房间里是否有监控，镜子是否是双面镜，等等，确认安全才放心睡去。

但是王姝没想到检查还是有疏漏，意外就发生在她睡着后的夜里。王姝说，她有证据。证据就在水杯里，她喝的水味道不对了，有白色浑浊物。她认定是精液。

"我在酒店过夜时被强奸了！我要投诉！我要报警！"王姝说。

接待投诉的酒店经理非常紧张，陪着她里里外外搜索了几遍"摄像头"，又陪着看了几遍走廊监控，无果后甚至帮她换了房。王姝换房后仍然觉得不安全，感觉被酒店监控，连酒店提供的瓶装矿泉水也认为有问题，怀疑有浑浊物，反复与酒店经理争执，要求升级安保……

酒店经理被王姝逼得崩溃了，经理自己帮王姝报警了。

王姝的儿子其实很诚实，和警察说夜间并没有人来房间，是妈妈自己翻箱倒柜找东西找了一夜，不时发出的响声让孩子没怎么睡着。

王姝却对小张医生说，没想到儿子会说谎，她特别伤心，特别绝望，所以被关进精神病院时也没反抗。

"现在感觉怎么样？"小张医生问道。

"这两天我已经仔细想过了，那个酒店经理应该是冒充的，有个人会冒充成别人的样子，用假身份，目的就是带走我！"王姝肯定地说。

我与小南心里升起疑问，对望一眼都看到对方眼里惊讶的自己,这个"冒充者"是谁?

倒带,时间拨回一年前。

王姝又离婚了,与她的第三任丈夫。

她爱旅游,这一任丈夫是在威海旅游时认识的,对方也是个驴友,两人志同道合就闪婚了。婚后一年多大家都相安无事,可渐渐地过了激情期,王姝又忍不住去做男方的"背景调查"工作,她发现这一任丈夫也不对劲。

王姝说,她被骗了。这男人的躯体是"化妆"出来的,其本质灵魂是她之前认识的一个人。

这个人在十年前就喜欢她,对她穷追不舍,不断幻化成陌生人的样子出现在她眼前,用不同方式跟她相爱。有时候瞒得太好了,她也分辨不出,比如第三任丈夫。但是长期生活总能发现蛛丝马迹。她越想越害怕,她不知道这副皮相之下隐藏着的真正面孔,甚至在潜意识中,她更惧怕那个如影随形的灵魂。

这个"蛛丝马迹"是什么呢?

王姝说,是手。

倒带,时间拨回到五年前。

王姝与第二任丈夫离婚倒不是因为被"骗",而是因为"伦理"。王姝的第二次婚姻应该是完美的,她与丈夫没有矛盾,"调查背景"也没有任何问题。但是日久天长,问题出在了第二任丈夫的父亲,也就是她的公公身上。

王姝说,她公公人很好,尤其是喜欢她的儿子。虽然儿子是她与第一任丈夫生的,她公公也没有表露出介意,连孩子上幼儿园也一直是公公接送的,是有感情的。王姝对此一直心怀感激。

某天,一次家庭游玩去景区爬山,公公无意间拉了王姝的手,两手接触的瞬间王姝浑身僵硬了,后背甚至密密麻麻地爬起冷汗!

手!她公公的手竟然与那个灵魂幻化的手一模一样!

那天起,王姝开始刻意观察她公公的一举一动,越调查越心惊。王姝觉得她公公可以随时冒充其他人,比如她公公走在人群中,王姝会发现他可以转化成陌生人的样子来监视她,偶尔还会冒充她的上司,监视她在公司里的一举一动。可无论他"化妆"成什么样子,那双手的形状特征都没法改变!王姝就是通过手的特征来识别的,这是"证据"。随着时间推移,王姝发现她公公也开始对她"特别关注",无意间对她笑,都是"别有用心"的。

王姝无法接受,这个灵魂竟然"幻化"成她丈夫的父亲。她也无法接受她公公对儿子的好,开始有意识地带着儿子躲避。一家人就从那时开始猜忌直至破裂。

王姝说,这是有违人伦的,显得肮脏,她接受不了这种形式的"喜欢",她不是这种人。

那么"别有用心"又指什么呢?

倒带,时间拨回到七年前。

前面提过,王姝的儿子是她与第一任丈夫生的。第一任丈夫是她大学同学,毕业后两人进了同一家公司,属于日久生情而结合。

"不对劲"的发生点,就是王姝生了儿子的那一年。

王姝说,只是生了孩子压力太大了,产后抑郁,很多人都有的,自己扛过去就好了。

实际上王姝扛不过去。

她渐渐发展成茶饭不思,夜不能寐。一开始王姝是有感觉的,为了不影响家人睡觉,她常常半夜跑出去找点"事情"打发时间,偶尔会忘记自己还有个刚出生的儿子,那时候王姝觉得自己是自由的,轻松的。

"我甚至喜欢夜里的空气,觉得空气干净。"王姝说。

王姝不知自己要去寻找什么,直到有天她看到路灯投射出的自己的影子。目光追逐着影子延伸到浓重的夜色中,好像与什么东西融为一体。王姝的感官变得敏锐起来,仿佛感觉已经化为实质,又伸出了无数触须,直到终于触及黑暗中的某个陌生又熟悉的灵魂。王姝说,那就是通灵的感觉,她的触须通过这个灵魂载体与自然界和冥界联通,无数信息奔涌着进入脑海。

王姝太好奇了，她爱死这种体验了。那个灵魂也爱她，在她耳边絮语，一遍一遍地述说对她的喜欢。王姝空虚迷茫的内心，霎时被一种莫名的悸动充满，这是一种无法言说的满足。

太神奇了。王姝是个受过高等教育的人，她明白这些体验说出去别人不会相信的，她默默为自己循证，并且决定谁也不透露。

但是王姝是矛盾的，灵魂在她耳边不断蛊惑着，讲各种甜言蜜语，哄着她爱着她，要她说出去，去告诉别人，世间是有灵魂存在的，她就是被选中的人。

王姝为此十分苦恼，她开始"做研究"，她甚至想去留学寻找古代欧洲关于灵魂的"秘密"，她找到了人生更高级的意义，无限地投入精力，她还尝试了很多种容易被世人接受的"其他"方法，比如占卜、星座、塔罗牌、水晶球、咖啡渣……

王姝的语速越来越快，她带着丝兴奋对小张医生说，她算得非常准，也常替周围的人算，她这次就想用积蓄开个塔罗馆……

我们很遗憾，王姝在不知不觉中用一个偏门的方式不断强化着自己的灵魂体验。

于是，在家人眼中，她疯了。

她整夜不睡，她无故偷笑，她半夜外跑，她与影子讲话，她沉迷歪门邪道。她很快就离婚了。

第一次离婚对王姝来说是一次重大的打击，这次心理冲击使她的注意力部分回归现实，她终于对自己的精神状态产生了一丝疑惑。

七年前，也是她第一次进精神病院治疗。

让我们觉得可惜的是，王姝的第一次治疗就住院三天。

王姝说，是她婆婆强行将她送到精神病院的。

她情绪略有些激动，我们听到一阵猛烈晃动床栏的声音，她说她第一个婆婆就是想报复她，不让她和儿子接触，想让她永远被关在精神病院。

王姝说，不能叫她婆婆得逞。王姝要求打电话给她妈妈，告诉她妈妈这些"事实"。她觉得自己的精神状态没有异常，加之当时已经离婚，婆家确实没有监护权。王姝的妈妈也觉得女儿没问题，三天后赶到立刻把她接了出去，出院后她也没再服药。

可不知是不是这三天的服药治疗稍有效果，王姝短暂地恢复了正常生活，也使这件事变成了一个"别有用心的婆婆迫害儿媳"的爆炸性新闻话题。她本身家境优渥，在父母帮助下又获得了儿子的抚养权。王姝与第一任丈夫相互怨恨，决定再无往来。她吃了一次"亏"，从此将灵魂的秘密埋于心底，开始了世人眼中的另类人生。

凡是过往，皆为序章。

为人父母，担心子女是人之常情。我和小张医生当着王姝的面，给救助站的站长打了一个视频电话，让她安心。站长告诉王姝，派出所已经联系了孩子的生父，他很快就会来接走孩子。

万万没想到王姝更急了，她说："孩子和生父没什么感情的呀，生下来以后没有养过。孩子和第二任丈夫生活得最久，能不能叫第二任丈夫来接？"

我们都颇感无奈，没有血缘关系也没有婚姻关系，光靠人情？谁敢做这事？显然是办不到的。

王姝不服，觉得我们毫无人性。她尖叫一声，把公用手机向前砸去。小南眼疾手快地用手挡了一下，缓冲了力度，捡起来按按还能用，还好没摔坏。护工早有准备，拦在王姝面前，防止她脾气上来再冲门。

小张医生给我一个眼神，点了点头。我意会，让护理员疏散、清场、叫保安……

我常常想，若内部环境也有天气变化，精神病院里的天气一定是最不稳定的。比如那天就下了一场毫无预兆的滂沱大雨，惊雷隆隆，闪电噼啪。下得水雾迷蒙天昏地暗，下得我们这一级病房像是遗世独立的孤岛。

从王姝的角度来看，我们好像真的很无情，但是我们又始终秉承着人情至上。我们与救助站沟通，请王姝的第一任丈夫接孩子的时候到医院来一趟，让王姝亲眼确定一下，让她放心。

那天我和护理员一起陪着王姝在门口玻璃前看着外面探视的隔间，只见一个戴眼镜的男人坐在长椅上陪着他儿子，两人侧脸很相似，那孩子没有任何不情愿，甚至有些跃跃欲试和好奇，凑得很近，不断问那男人话。

"你要出去说一声吗？我可以带你出去十分钟。"我对王姝说。

王姝没有说话，看了一会儿，挣了挣胳膊。护理员怕她闹情绪，手里不由得抓紧了几分。

我连忙制止，道："你可以出去说，在孩子面前好好的就行了。"

"不出去，没什么话要说了。"王姝摇了摇头，挣开护理员自己回去了。

人影闪动被外面的男人看见，他站起来走到门前示意我开门。我回头望着王姝的背影，想着还是应该出去告知家属一声。

谁知那男人主动问道："她脑子里的灵魂还没消失吗？"

"你知道？"我有些惊讶，王姝不是没告诉别人吗？

"当然，当时她不愿意治，她家人也觉得她没病，我也无能为力。"男人遗憾地说，"我妈妈为她都白了头。"

"她刚看过了，孩子给你带她是放心的，只是不肯和你见面。"我心中唏嘘不已。

男人又说："辛苦你们，这次能治好就帮她治治吧，可能是她大学时出意外，留了心理阴影。我也没想到十年过去了，她变成这个样子。"

"心理阴影？"

"我个人感觉。"男人思考了一下，慎重地说，"大学时，她的初恋也是我的同学。他们大二暑假出去旅游，我那同学和她一起溺水，同学去世了。我是工作以后遇到王姝，后来才在一起的。王姝与我结婚后说过能听到他的声音，可我当时想，人都不在了哪儿有什么声音，不过是念想罢了，没有相信她。"

原来如此，灵魂、爱意、冒充者、相似的手。出意外时他们拉过彼此的手吗？当年的男生留下过什么话吗？王姝口中的灵魂，后来幻化的"冒充者"是同一个人的替身吗？王姝语焉不详，家属关系复杂，没什么人可以提供准确的病史资料，临床上也无法精准地诊断。我只是发现，这些年与疾病、与人、与社会相处时，王姝已经形成了自己的应对方式。

男人没有多留，客套几句就走了，王姝的孩子也很礼貌懂事，主动说着再见。看来虽与王姝辗转了三个家庭，但孩子并没有被家庭忽视过，是在爱意中长大的。

王姝后续住院住了一个月，也许是儿子已经有了归属，她不像之前那么偏激。

与对待其他护士的"冷暴力"不同，她不断与我"讲道理"，论证自己没病。她有问题时还是伸着脖子高喊医生，她在病友中很有"威望",可能在他们眼中王姝是一个敢于表达诉求的勇者,是他们心底里的"代言人"。

我特别苦恼,忍不住跟护士长说:"我再也不想做王姝的责任护士了,能不能换人?"

护士长和我说:"你要理解她,更要理解自己,不是所有人都希望被治好,不是所有疾病都能被治好,你只需要做好两者之间的平衡。"

王姝出院的时候没有家属来接,还是救助站工作人员来的。我想起一开始王姝的妈妈决绝地要求婆家来管,她是指哪个婆家?在自己无力监管后她是不是也有一丝丝的后悔呢?我不去多想,时间不能倒流,人生无法重启。我替王姝清点了物品,交代了服药注意事项,叮嘱她出院以后一定要好好吃药。

"谢谢。"王姝开心地说,随手把药袋往包里一扔。

"应该的。"我点点头,目送她离开,我只能送她到这儿了。

我不清楚王姝心中的灵魂是否消散,她不愿再讲,医生护士谁也没有追问过,每个人都有权保留心底的一点执念。

唯愿好好生活,谁也不是谁的替身。

停不下的周夸夸

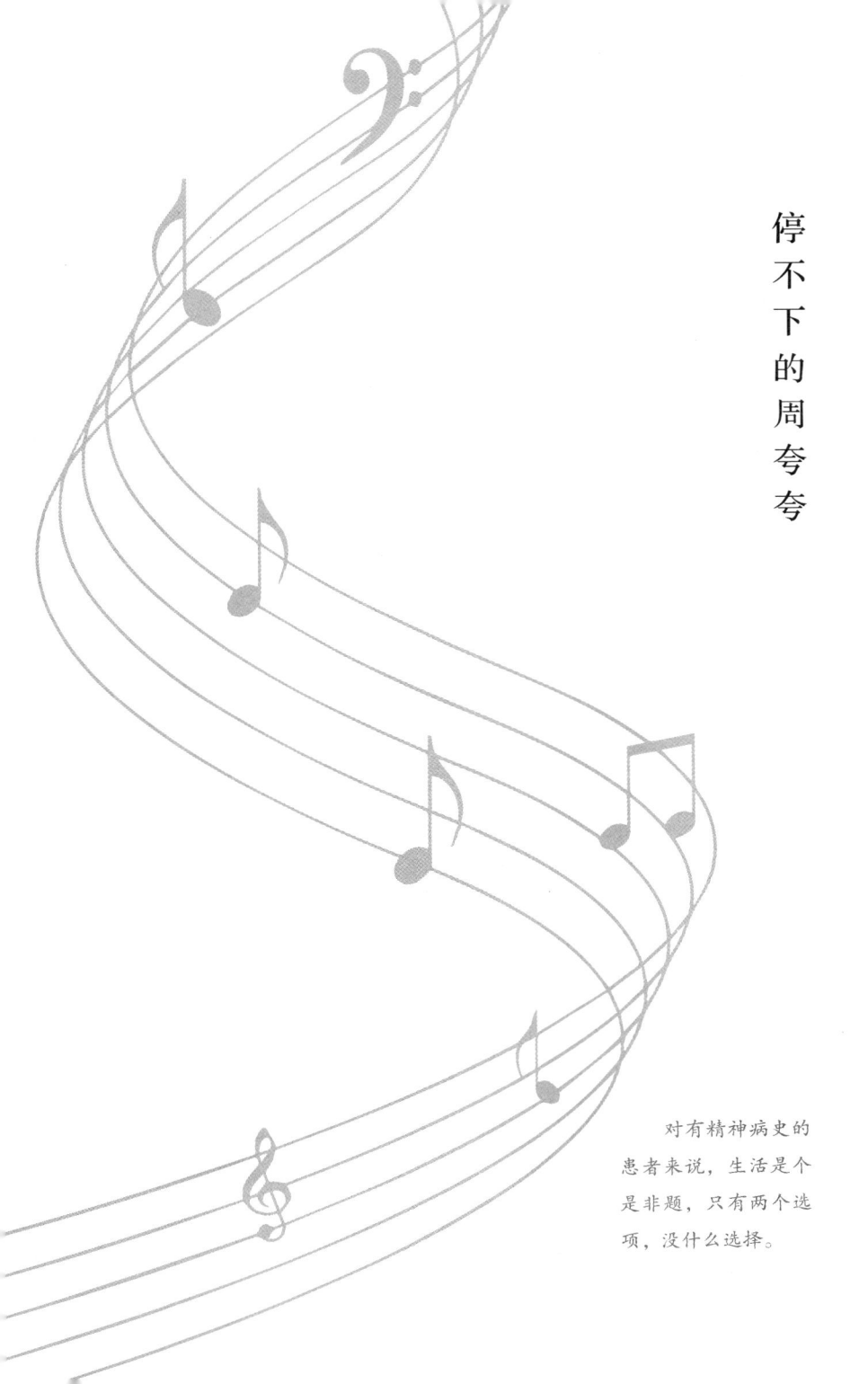

对有精神病史的患者来说，生活是个是非题，只有两个选项，没什么选择。

周夸夸有个毛病，他喜欢把人喊得答应了才开始滔滔不绝地讲话。我让他不要叫我，直接说话，他又做不到。我被逼疯了，给他计次，结果一天之内他喊了我两百多次，搞得早班护士情愿干活也不愿坐我边上。我每天进病房的时候像做贼一样，想把口罩戴成面罩，贴着墙根溜走，还不许其他人和我打招呼，清静一分钟也是好的。

周夸夸吃的药挺多的，每顿两种，一共四粒，可没什么效果，喊人的毛病还是停不下来。我很痛苦，周夸夸也很痛苦，思维奔逸让他连续讲话，讲话太多让他嘴唇都起泡上火了。我心疼他，老是给他喝水，周夸夸觉得嘴唇好一点，但膀胱受不了，见到主任就告我状。后来主任都被他叫得崩溃了，不敢进病房，也贴着墙根溜进自己办公室。

主任觉得这样下去病人的消耗太大了，眼见周夸夸憔悴下去了，于是给救助站打电话，叫救助站申请经费给他安排 MECT（无抽搐电休克治疗）。MECT 要做全麻，这不就能"关机"一会儿了嘛。不管怎样先把他嘴巴停下来再说。

周夸夸上午要出去做 MECT，这是我一天中难得的轻松时刻，就像把孩子送进幼儿园的家长，无比享受这段时光。我决定先打针、挂水做做治疗，再上个厕所，回来到茶歇室去喝个饮料什么的，这么一规划就很快乐。

可快乐了还没到两小时，我还没来得及上个带薪厕所，周夸夸就被 MECT 的王师傅推回来了，电完了还一路唱着歌，推到我跟前的时候，我发现他眼睛是半睁半闭着的，就这点眼缝他还能看清我，见到我就轻浮地说"哈喽"。

王师傅一边搬他一边嫌弃地对我吼："你们的病人吵死了！大闹天宫！"

我尴尬地笑笑，心里有一丝纳闷，这怎么跟带"熊孩子"给别人赔礼的感觉一样？我一边接过周夸夸一边赔不是："哎呀，王师傅，他躁狂呀，躁狂就喜欢唱歌。"

周夸夸还没完全清醒，坐在床上摇摇晃晃地点头，点了大约 360 度，对王师傅诚恳地说："师傅，明天你点歌，我什么都会唱。"

王师傅马上推着轮椅回去了，背影颇为决绝，我觉得他明天不会再送我们病房的人了。

我安排周夸夸睡觉。可他偏不，刚把他放平，他就又摇晃着硬撑着坐起来，温声软语地喊我姐姐，矫揉造作地说"姐姐好漂亮"，要给我作诗，作唐诗三百首。

三百首……

我还没开口，睡在周夸夸隔壁的病人一听这话就先崩溃了，怒喝一声："周夸夸！你说了一夜了！你快闭嘴吧！"

我看着隔壁病人怒发冲冠的样子，再怀疑地看看床头卡，没错啊，他明明是个抑郁患者呀！

周夸夸不开心了，一秒钟都没暂停，顺着节奏加上伴奏，拍起床栏哐哐哐哐！边拍边喊："老子就说！老子也会怒吼！嗷啊！我是一台永动机！我要说到天荒地老，说到玉皇大帝让位于我！我是宇宙第一代言人！我要为全宇宙发声！啊啊啊啊啊！"

我被他震得脑仁嗡嗡响，太阳穴又痛了，正想跟师傅说我出去躲几分钟，我需要缓缓。头一回，只见我们的护工师傅已经提着水壶走到一级病房门口了，对我摆摆手，边退边说："我去打水啊，马上来。"

可恶，竟然逃得比我快！早不打水晚不打水……我只好忍，我不由得把笔按得吧嗒吧嗒响。

"喂喂！你们大家听见没？郁姐姐烦了，你们没看郁姐姐按笔了吗？按笔就是烦！你们！都闭嘴！"周夸夸指挥着病房，可明明就他一个人吵。

我不按了，我想了个主意，走到周夸夸身边，拉开口罩故意不出声地用口型对他说："累不累？"

周夸夸觉得很有意思，认真地盯着我的口型，笑着说："听不见，没看明白。"这会儿他嗓子已经哑了，声音都是沙沙的。

我又用口型问："渴不渴？"

周夸夸觉得好玩，注意力被吸引了，跟我猜着玩了半天，都忘记吼了。

护工师傅估计是去挖井打水再烧水的，终于回来了，我看看MECT后的时间也差不多了，就给他倒水喝。周夸夸看着水杯恍然大悟，笑着说："哦哦哦！你问我渴不渴！哈哈哈哈！好玩好玩！"

"挺聪明的啊，喝点水，喝完了润润喉再讲八卦。"我心里想着，大禹治水，堵不如疏。

周夸夸开心不已，点头如捣蒜，声音沙沙地说："姐姐你真好，只有你听我说八卦，我的八卦都讲给你听！我只听你的话！"

"小声点。"我小声说。

周夸夸浮夸地把手指竖在嘴巴前面，嘘——

"不要告诉别人。"我的声音压得更低了。

"嘘……"周夸夸又道。他的眼睛已经半睁半闭，MECT 的麻药劲还没过去，等劲过去了又会有点晕。

差不多了，这下差不多了。我心中暗喜，我知道他现在的电量已经有点红了。

关机吧，关机吧。

病 史 记 录	
姓名：周夸夸　　性别：男　　年龄：24 岁　　病史：11 年	
诊断	双相情感障碍，目前为伴有精神症状的躁狂发作。
患者信息	河南人，大专攻读兽医专业。 毕业后在杭州做宠物医疗，发病后被辞退。
病程记录	13 岁时第一次发病。 发病时，他感到一切都是动态的，哪怕是桌上的水杯，本质上也在动，里面的分子原子会动。所以他要遵循这个自然规律，他也不能安静。 在他看待世界的时候，无数双眼睛也在关注他，默默观察他的一举一动。

据他自己讲，他大专学的是兽医专业，毕业以后就在杭州做宠物医疗，做了好几年。工作做得很好，周夸夸能说会道，与老板处得不错，对小动物有爱心，客人对他的评价也很高。但是今年过完春节再回去就不行了，原来的店不要他了，老板也很抱歉。

"为什么？你发病了？"以他目前这个状态确实不适合在宠物医院上班。

周夸夸又竖起一指摇了摇，仰天长叹道："不是的，我没发病，我这样的人……"周夸夸停顿了一会儿，找不到什么形容词，又道，"啊，你懂的，住过精神病院，人家知道了，我就被劝退了呀。"

我懂，我听了心里颇有些五味杂陈。现状就是这样，对有精神病史的患者来说，生活是个是非题，只有两个选项，没什么选择。

周夸夸不笑了，他盘坐在床上对我说："姐姐，我好后悔，我毕业以后玩心太重，耽误了考试，后来也再没把那兽医证考出来。我现在只能做个助手。以前在杭州的时候，人家老板肯看我毕业证书，知道我有能力的。可来了这边以后，说是面试，可就是来给猫猫狗狗洗澡吹毛！洗完就叫我回家等！"

"还可以再考，再努力。"我鼓励他。

周夸夸又摇摇手指，叹了口气说："没办法了，我脑子跟不上，我吃药了，做题做不了。"

"车到山前必有路，学的东西肯定会用上。对了，我给你看我家猫，年纪大了有点尿血，快告诉我怎么治。"我把我的相册点开给他看。

"哈哈,我不记得了,我真没出息,我就喜欢给狗洗澡。"周夸夸思考了一会儿,实在是想不起来。做 MECT 会短暂地对记忆产生影响,他一时给忘了。我让他顺着我的思路聊了会儿宠物,聊不到几句他又有情绪要宣泄,他突然大声嚷嚷着:"我!不给狗洗澡了!我要做宇宙领导人!"

"你太累了,要休息。"我示意他躺下。

周夸夸点点头,竹筒倒豆子似的说:"是啊,面试了几家宠物医院,太累了,太累了,我就去找个地方休息。那服务员和我扯东又扯西,我扯东她扯西,我就听不懂她说话了呀,我就发病了呀。我能感觉到自己控制不住了,我悬崖勒马,勒不住了!要是我不清醒了报复社会怎么办?我爹妈把我教育得这么好,我自己给自己报个警,把我抓起来!"

我点点头,周夸夸确实是自己报警把自己送来的。病史中提到,周夸夸那天走到地铁站,对地铁工作人员说自己是精神病人,马上就要控制不住自己,要求工作人员在警察到来前看好自己。

他确实很怕自己发病,在一个陌生的城市,还没建立起新的人际关系,没人能伸出援手,紧要关头他用最后的理智与清醒就近跑进了地铁站。周夸夸真是个不错的小伙子。

我还没开口,周夸夸突然话题一转,说起他爸,他说:"姐姐,我挺苦的。我爸死得太早了,你知道吧。他农药吸入过量,中毒死掉了,太搞笑了,哈哈哈哈哈。"周夸夸笑得直喘,隔壁患抑郁症的病人觉得挺瘆人,起身坐到病房另一边去了。

周夸夸他爸是个朴实的农民，一辈子老实巴交的，其貌不扬，五短身材，为人又木讷，四十几岁才在两个姐姐的帮助下娶了一个智商不高的傻媳妇，五十多岁才有了周夸夸。后来他爸更苦了，既要养傻媳妇，又要养刚出生的儿子，他似乎没有额外的本事，只能深深地把脊梁弯进土地里，起早贪黑地耕种。

有天，他爸真的太累了，喷完农药就晕倒在地里，被发现的时候已经因吸入过量农药孤独地死去了。

那年周夸夸七岁，傻娘根本不会养孩子，只会傻笑。周夸夸就被带到两个姑姑家轮流养着。现在姑姑们也老了，大姑姑七十岁，二姑姑六十五岁，周夸夸再也不愿成为姑姑们的"拖累"。

"后来我妈也跑没了。"周夸夸回忆道，"我九岁的时候，要读书了，姑姑把我带到城里，跟我妈说了，说了她也不懂。听人说我妈发现我走了，就跑出来找我，别人叫她，她不听，别人拦她，她就打人。最后我妈没找到我，反而把自己给跑没了。哈哈哈，哪儿有这种人，真的好傻好傻。"

"家里人找了吗？报警没？"

周夸夸摇摇头，他那会儿年纪太小，这会儿又做了电疗，也许是不知道，也许是记不清了。

我不想他沉溺于父母的往事，换了个话题问道："还记得第一次发病是什么时候吗？"

"记得，十三岁。"

"十三岁。"

"嗯，我就是和一般小孩不同，我想得多，想得停也停不下来。我常常觉得世界在为我而转。"周夸夸哂笑着说道,"姐姐,你觉得我胡说八道,对了,你这个表情就是觉得我在胡说八道,哈哈哈哈。"

"我没有,不管你信不信,精神病院的护士是最相信病人的,你们就是这么觉得的,我从不把自己的认知强加在病人身上,真的,我很明白。"我几乎有点剖白的意思了。

周夸夸发病的时候觉得世界是围着自己转的,自己就是世界的中心。

他感到一切都是动态的,哪怕是桌上的水杯,本质上也在动,里面的分子原子会动。所以他要遵循这个自然规律,他也不能安静。

在他看待世界的时候,无数双眼睛也在关注他,默默观察他的一举一动,每个观察他的人又会口口相传关于他的事,他的一举一动也影响周围人,产生不同的连锁的反应,形成一环扣一环的锁链。

随着他的走动,空间中产生无形的力,这些锁链就以他为中心转动起来,就像银河系那样。

周夸夸又说他感觉自己的思维也是以光速传播。他随便想起什么,都可以光速思考到这件事的无数个结局,其中必有一个结局是对的。

这么一想，他觉得自己不应该再给猫猫狗狗洗澡吹毛，他有能力去做整个宇宙的领导人。做宇宙领导人又要从哪里起步呢？他的光速思维在这些年里发散出无数个计划，再探究每个计划的起源。最基本的都是要读书，要储备自己，作为无数伟大计划的起点。

这可不是在给猫猫狗狗洗澡时得出的结论，是十三岁就发病的周夸夸灵光一现时得出的结论。周夸夸和他姑姑说，拼死也要继续上学。可惜当时的周夸夸刚从精神病院出来，姑姑求爹爹告奶奶也没办法让他继续上初中了，周夸夸面临了人生的第一个是非题。

周夸夸想过放弃，他说："我姑姑不准，她说照顾我，就必须照顾得好好的，必须对得起我爹妈的在天之灵。我这么想读书，肯定是真心要读书的，她就要做到，我爹妈在天上看着她。"

他姑姑是个非常执着的人，不知一个不识字的农村妇女是用了什么法子，让周夸夸考了个中专。周夸夸真的努力，又考上大专，读着读着脑子竟然慢下来了，逐渐不去思考那些疯狂又伟大的计划了。他正常了，可以按部就班地生活工作了，大专毕业以后，他开始尝试停药了。

"我本来彻底好了，但是找工作压力太大了，我睡不着觉。"周夸夸无力地笑着，电疗回来以后他变得一次比一次困，眼睛越来越睁不开。

"那会儿几天没睡？"我小声问他。

周夸夸努力睁着眼睛说："三四天吧，记不清了，然后就稀里糊涂的。我心里怕，就报警了。"

"别怕，住院了就不怕了。累不累？睡一会儿吧。"我说，"你眼睛都睁不开了。"

周夸夸还滔滔不绝地说着："眼睛，姐姐你的眼睛好好看。眼睛是心灵的窗户，我心灵沉重，所以窗户也要关上了。"说完他就闭上了眼睛，我心中刚要暗喜，他又忽地睁开了，"哎，我的窗户又开了，对着你的窗户。"

我哭笑不得，看看时间也差不多了，把早上的针（氟哌啶醇①）给他打上了。周夸夸嘴里还胡乱夸着"姐姐打针不痛""姐姐技术真不错"……眼皮子已经打架了，却还不肯停下。我让周围病友都不要搭话，大家受了几天苦，个个闭嘴不言。环境安静了，很快周夸夸电量耗尽，沉沉睡去，世界也安静了。

周夸夸做了很多次MECT，不分昼夜地讲话和活动让他身体消耗很大，一个月里他瘦了七八斤。

周夸夸称完体重却很开心，他说："姐姐，我觉得现在真的挺

---

① 氟哌啶醇：属于第一代抗精神病药（FGA）。在国内外主流指南普遍推荐第二代抗精神病药（SGA）的背景下，氟哌啶醇以其起效快、疗效明确、价格低廉、代谢副作用相对较轻等优点，在急性激越及精神病性症状的治疗中仍拥有难以替代的临床地位。

好,我病好了人也瘦了,我是不是帅了很多?"

"帅!回家可以找对象了。"我正写着护理记录,随口答道。

半晌却没有得到周夸夸的回应,我纳闷地从显示屏后抬起头,发现周夸夸正看着天空。

他说:"我不找对象。我找对象不是害人吗?姐姐,我也算大学生,我知道我这是遗传的,我有精神病基因。我爸妈也不在世了,有没有后他们也不知道啊,所以我这辈子都不找对象了。"

我不知道该说什么,可能每位同事都不知道如何回答。

周夸夸又说:"我说这话时心里是难过的,我只能在这里说,拼命说。出了院我就是正常人,这些话是不好说的,尤其不能对我两个姑姑说。"

"为什么?你姑姑对你这么好,一定理解你的。"我希望周夸夸除了精神病院,还有其他地方可以袒露心声。

周夸夸摇了摇头,说:"就是因为我姑姑对我太好了,我不忍心叫她们失望,她们年纪大了,表哥表姐都结婚有家庭了,她们现在心里就牵挂我。她们把我教得很好,教我做人,希望我过正常的日子。"

"也是你本身很努力,没有因为家庭困难就放弃。"

"嗯,当然,我姑姑说了,人虽然穷,但是礼数和道德不能穷。"周夸夸很是赞同,"对了姐姐,你喜欢什么书?我最喜欢的书是《平凡的世界》,人可以苦,但是不能没有志气。"

我接过话茬与他聊了一会儿,心里却在默默感谢他自己转移了话题。现在想来也许他是故意的,他知道别人在这个话题上很难感同身受。也许这么多年熬下来，他也见过像我这样给予同情的人，别人的帮助都是有限的，周夸夸明白人情世故，也懂得适可而止。

周夸夸好了以后特别喜欢帮助其他病友，尤其喜欢扶老人，可精神科护理上不建议病人去搀扶另一个病人，防止发生连环跌倒。周夸夸被阻止了几次以后就显得很沮丧，我也确实没有什么活给他做，就拜托保管员师傅带他一起给病友们发点心。

周夸夸太善良了，他发现病房里有几个老爷子总是吃不到点心，保管员师傅每次就发他们一人两片苏打饼干。周夸夸觉得我们师傅抠抠搜搜的，几个小点心都舍不得给人家吃。于是他每次都偷偷给那几个老爷子多发，还让病友们保守秘密。

他不知道的是那几个老爷子都得了糖尿病，不好吃甜食点心，几天下来把他们吃得血糖都升高了。医生看着血糖报告问护士，护士又去怪保管员，保管员师傅觉得很头痛，又把周夸夸退还给我。

得了，我真的像他家长一样了。

有天下雨了，周夸夸无事可做，无聊了又坐在走廊尽头看着天空。

我以为他在看雨，刚要开口，周夸夸却像有读心术一样说道："姐姐，我不是在看雨，我在看天气。"

"天气？看天气预报准不准？"我以为是这个意思。

"不是的,就是天气。我不喜欢看天气预报。"周夸夸还是看着天,灰暗的云层像吹了气般膨胀着堆在天边,雨滴拍打在玻璃上,把窗外的颜色融在一起,看不分明。

我陪他看了会儿雨,他说:"我爸妈都在天上,天气晴就是他们二老心情好,过得好;天气阴就是他们俩吵架了,闹矛盾了;如果下雨了就是他们遇到事了,不开心了想哭一哭。这时候我就想跟着哭一哭,毕竟是一家人嘛。"

"别哭,放在心里哭吧。"我对他说,"你就要出院了。"

周夸夸笑了:"我懂的,姐。精神病院嘛,要控制好自己的情绪。我不会真的哭,就是跟你说说。"

周夸夸走的那天我不在,同事说他给我留了封信。我以为会是联系方式什么的,打开一看,却是教我养猫和治疗猫咪的方法。

他好了,真是太好了。

我会在你上班时消失

他毫无波澜的眼神释放出无形的瞳术,把我摄在原地,让我的脚步变得很沉重。

我来精神病院上班以后，常有朋友向我求证，精神疾病引起的一些奇闻逸事是不是真的。

有些是的，比如有吃屎喝尿的病人。我曾经以百米冲刺的速度和病人抢杯子，为了不让她用杯子舀尿喝；也有一次安全检查时，从病人的口袋里掏出一坨黄黄的东西，从此再也不会忘记戴手套；也确有吐了痰，又用手抓起来尝尝的。我看到都要猛冲过去，精准迅速地踩上他的痰，防止他用手去抓。

以上这些都按怪异行为处理，真实案例中还有些故意吞食异物的，比如纽扣、刀片、回形针、口罩中的金属固定条等，都按自杀自伤处理。

写文身大哥的时候，面对威胁时我没尿，一是初生牛犊不怕虎，二是那时候我对工作产生了怀疑，天天想辞职，威胁对我起不了任何作用，大不了明天就不干了。可是精神科护理这一行，见得越来越多，经验丰富以后，真的越干越怕。后来有病人威胁我，我心里也发虚。

很大一部分患者很难治，他们被强制入院，回家后就停药，也不再复诊，家属管不住，整个家庭的日子过得都不太平。还有一部分人的行为，在社会上造成不良的影响，被人报警协助送院治疗。

现在要讲的病人叫顾昭，顾昭就是这样。

病 史 记 录	
姓名：顾昭　　性别：男　　年龄：34岁　　病史：10年	
诊断	双相情感障碍。
患者信息	常以躁狂发作入院，抑郁状态出院。
病程记录	在社会上造成不良的影响，被人报警协助送院治疗。 医院的资深病人，住过所有的男封闭病房，挂过所有主任的号。

顾昭是我们医院的资深病人，他住过所有的男封闭病房，挂过所有主任的号。六七年前我就认识他，那时候他还不是太坏，喜欢和护士聊天，甚至有点可爱。

据顾昭说，他家面积很大，大到什么程度呢？有天他尿急，从门口到厕所跑了十分钟，都尿裤子了。

他家人口少，是九代单传，他爸妈一直在搞事业，这么大的家他一个人住得很寂寞。为了排解寂寞，他向他爸申请养狗，狗狗活泼热情，又能看家护院，来回跑的时候还能增加活气。他爸没想太多，直接同意了。

等他爸再次回家的时候，迎接他的是九条汪汪叫的大型犬和满地狗屎。

那是顾昭和他爸的第一次战争。他爸要求他马上把狗送走，顾昭说，他爸不理解他的寂寞，明明养狗也是事先征得了同意的，凭什么又要把狗送走？不送走还要打他，打不过就把他送精神病院。儿子不能反抗父亲，反抗就是不孝顺，顾昭觉得他肯进精神病院其实是变相的孝顺。

我觉得顾昭不容易。

几个月后顾昭再次住院的时候，我又问起他的九条狗。顾昭拍拍胸脯说："放心，一条也没送走。"他奶奶认为上次就是不让养狗才刺激孙子生病的，老人家出面了，不允许顾昭的父母把狗送走。

顾昭手舞足蹈，特别开心，说："小狗可爱得不得了。"

"小狗？"

"是的，大狗们生了小狗，我家现在有十四条狗，想寂寞都没法寂寞了。"

我问："那这次又因为什么住院？又和你爸打架了？"

顾昭说："是的，因为相亲。"

毕竟顾昭年龄到了嘛，又有家业要继承，不需要出去工作，奶奶就要求他找个姑娘结婚。结果相亲过程并不顺利，正常点的姑娘跟不上他的思路，没法跟他沟通。顾昭认为，他是听奶奶的话出来相亲的，这些年轻姑娘都不懂什么叫作孝顺。孝顺都不知道，也没什么好谈的。于是他要求找离过婚且带孩子的女性，结过婚的懂得处理婆媳关系，还白得一个孩子，这样一来皆大欢喜，是对奶奶的终极孝顺。

顾昭爸听了以后大发雷霆，又跟他打了一架，打得父子俩都拎菜刀了，最后以他爸报警，顾昭进医院结束这场战争。

顾昭说他想不通这样有什么不好，结过婚的女人才懂得疼人，他爸实在是太古板了。他顾昭是个实在人，他实在是太太太孝顺了，这次还是会好好住院的，但是事不过三。

我真的谢谢他了，特别喜欢安心住院的病人。

再后来，顾昭换医生了。他爸觉得我们的医生不行，怎么总是治不好，怎么一回家就不吃药，不吃药就发病，反反复复好几次，他爸有点烦了。

后来顾昭没住我们病房，我只在同事们口中听说了关于顾昭的种种新鲜事。

比如，顾昭上次出院后，看上了我们门诊一个刚结婚的小护士，天天来医院大门口堵人，保安都赶不走，有天被护士的老公揍了一顿。

比如，顾昭准备创业了，他在自己家开了个狗厂，引进了二十八条狗，加上原来的十四条狗，整个家白天黑夜热闹非凡、狗味熏天。奶奶出面也没有用了，因为邻居崩溃了。邻居知道顾昭是什么人，便直接去村委会投诉他。那天顾昭坐在邻居家门口杀狗，捅了可怜的狗子很多刀，血流满地。顾昭就像个杀神一般坐在血泊里，沾了点狗血在人家大门上拍了无数血手印，最后出动了十几个特警才制服他。

顾昭变了。

我最后一次看到顾昭，是我调入男封闭6病区后，顾昭挂了我们主任的号。

几年过去，顾昭连样貌也变了，他发胖了，变成一个大块头，面容上已经褪去了那层天真，不爱笑了，眉宇间充满戾气。他还认识我，冲我打了声招呼，漫不经心地环顾一周，像回自己家一样，鞋子一脱，上床睡觉了，扭头还问一句："小郁！你要绑我吗？不绑我就睡了，有话问我爸。"

我准备了几种模式的开场白，都被他无所谓地打发了，大家太熟悉了，大家都懂的。我心里莫名地失落，顾昭真的不一样了，多次住院的经历让他习以为常，暴力输出变成了他的惯性模式。

第二天，顾昭毫无预兆地对我说："我这次只住十天。"

十天？怎么可能！他爸可是扬言让他住一整年的，虽然是气话，不至于住一年，但是住三个月是最起码的。不然他们村委会都不依啊。

我又计划性地开始宣教，顾昭安静地听完了。我很感谢他，他还顾念着几年前我们之间聊天的情谊，耐着性子给我面子才听的，顾昭在这几分钟内不断地抖腿，拖鞋拍击地面，啪啪啪地响。

　　果然，顾昭又说："小郁，咱们认识这么多年了，咱们是朋友吧？你不要为难我，不然我就在你上班时自杀。"他语气平淡，面无表情，说这话就像唠家常一样，眼中无一丝感情。

　　我没来由地感到后背发冷，胳膊上的汗毛都竖起来了。我第一次感受到病人威胁我的恐惧，我一直以为自己很勇敢，可这点勇敢都顶不过顾昭的一句话。

　　顾昭是认真的，任谁都劝说无效。

　　我略去了劝说的过程，直接汇报给医生。小王医生马上跑过来，想给顾昭心理治疗一下。顾昭很高，他一米八五，体重有二百斤，小王医生在他面前就像个手办。他不想接受心理治疗，便越过小王医生，居高临下地看着我说："小郁，你出卖我，如果十天后我出不了院，我就在你上班时自杀。"

　　我愣在原地，小王医生担心地看着我，顾昭又补了一句："突然自杀，你都防不住我。"

　　他毫无波澜的眼神释放出无形的瞳术，把我摄在原地，让我的脚步变得很沉重。我从心底里相信他做得出，我也无法评估到这种"即兴"。不知怎的，我脑补出他坐在邻居门口杀狗的画面，白刀子进红刀子出，血光映红了顾昭的眼球，而他正享受着这种快感。

　　我攥了一手的汗，偷偷擦在工作服上。

顾昭戴了红腕带，表示此人有极高风险。他没有丝毫抑郁的情绪，表现得如同在家一样，该吃就吃，该睡就睡。想与周围病友聊天的时候他也会主动去搭讪，问人家是哪里人，多大了，结婚没有，第几次住院。再反向跟人家宣传吃了这个医院的药，什么用也没有，他都住院好几年了云云。

每天我都想给他做安全检查，为了体现公平，我把所有病人的物品都查看了一遍，连被套、枕套都沿着边摸，防止他藏匿危险物品。我也怕他上厕所时给我来个突然加速，往墙上撞。因此每次他去厕所，我都要求护工师傅站顾昭边上看着他拉，他反而特别开心，每次拉屎都要师傅陪，表演即兴便秘。中夜班倒还好，他药量重，睡得呼噜震天响，到早晨都相安无事。

可他越是无行动无预兆，我越是怕，尤其是不小心跟他有眼神接触的时候，总觉得他有想法，并且正在准备。

大约第五天，我觉得我不能被一个病人轻易唬住。我找了个机会，表面上装得轻蔑又镇定，告诉他："你想死就死吧，我已经向上级汇报过了，我该做的全部都做了。所以你在我上班时自杀，就是白死了，你好自为之。"

顾昭听了哈哈一笑，无所谓地说："十天之内我必自杀，你等好。"

我们对顾昭进行了严防死守，不许他出门，不许他进吸烟室，不许他参加康复活动，他的床位每天做三次安全检查，门窗也确认锁芯，确保是锁死的，甚至工作人员出门的时候都要先看看背后有没有病人跟着，以防他突然冲门。我们的一系列措施也影响到其他病人，每次给顾昭检查或治疗的时候，整个病房都会安静下来，所有人的目光都聚焦在顾昭身上。

就这样到第十天的时候，气氛已经紧张到了极致。

那天我一整天都惶惶不安，顾昭的一切行动我都跟着，就差连男厕所也进去了，甚至连病人们都在等他发生点什么。可就是什么也没发生，顾昭安安静静地待在一级病房，该干吗就干吗，上午下午各威胁我一个小时，其余时间按部就班，还在我下班的时候打了声招呼说再见。

纸老虎，他吹牛的，他就是嘴上说说。我想。

第二天早上，我被连续的微信消息炸醒，我突然产生了极其不好的预感。打开工作群，滑到未读消息的最上面，赫然写着——

> 顾昭在 23:50 左右，中夜班护士交接班时，在厕所内吞食一整根牙刷，咳血不止，立即上报并转院抢救！

他唬住了我，成功转移了所有人的注意力，把所有人的注意力放在了白班，放在我当班的时间，然后出其不意地在这十天的最后期限里完成了自杀式的出院!他不想死的,他的终极目的就是出院!

顾昭对我们医院太熟悉了,连交接班模式都摸得很准,掐对了时间点。他也了解他爸,他知道自己住院太多次了,也知道自己在外面闯祸造成了恶劣影响,他真正害怕的是出不了院,被他爸永远留在精神病院里!

晨会上,护士长给大家看了昨夜的监控,监视器中只见夜班护士共同巡视交接,走到顾昭身边时他似乎在睡眠中,毫无异常。两个护士走出很远以后,顾昭轻轻起身出来上厕所,到了厕所后,他躲在隔间内,摄像头拍不到了。再出来时,他不断呛咳,抓住夜班护士,指着自己的喉咙说着什么。很快,夜班护士打电话,值班医生到场确认,上报总值班,转院出去了。

监控视频的最后,顾昭突然坐起对着摄像头摆了摆手。

所有同事都沉默了,无言以对。我们都觉得很不可思议,一根牙刷差不多有 20 厘米,他是怎么吞进去的呢?

半晌,夜班护士疲惫地道:"他是用手指把整根牙刷强行按进喉咙里的。"

此次事件之后,我们单位不允许患者自行保管牙刷,统一用牙刷架挂在洗漱间墙上,用后清点数量,缺一不可。

在精神症状的支配下,患者会做出一些常人难以理解、难以想象的行为。精神病院中一些看似"多此一举"的设施和规定，都是我们在实际工作中积累出来的惨痛经验。我们做得再琐碎也不要紧，只要患者安全。

共生的母子

孙龙似乎已经摸索出一套他自己的应对机制,甚至很了解自己的疾病。该发作的时候发作,该收的时候收,压抑到极致时直接就疯,疯了来医院治一治。

其实大部分精神疾病患者不会承认自己有病,这在精神病症状学中叫作无自知力。在平时的工作中,有些患者思维黏滞,不容易展开,常常要询问,想从工作人员口中听到答案。一般我不回答这个问题,不与患者争论是否有病,这也是每个精神科护士应该做的。

但是也有例外,也有患者反复宣称自己有病的,孙龙就是这样一个人。

前几天我在食堂吃饭遇到徒弟小李和同事小徐,小李说:"老大,孙龙那家伙又来住院了。"

"这么快,上次来不是过年那会儿吗?"我有点惊讶。

"就是啊,这次来还那样,还说浑身发痒。"小徐说完挠了挠自己的胳膊,像是被传染了似的。

"孙龙?好耳熟,是住过我们开放病区的那个病人?"隔壁桌的小陆听见熟悉的名字问道。

小陆是我们临床心理科,俗称开放病区的护士。开放病区的患者一般病情较稳定，没有出现过严重冲动伤人、自杀出走，或者家属无法看管的行为，家属有时间并且愿意陪同住院的患者，在住院期间可以请假走出病区。但是一旦发生家属或医护人员无法管理，严重影响病区施行医疗措施时，患者就会被协议转入封闭病区加强治疗。

"对对，孙龙当时不就是你带来的，我接班的嘛。"我一边吃一边说，"他在开放病区是干吗来着？"

"想伤害他妈妈呀！"小陆压低声音提示道。

…………

我们瞬间都陷入了不好的回忆，甚至有点食不下咽。

"那天早上我巡视病房，巡到孙龙那间的时候，孙龙在和他妈妈吵架，让他妈妈回去。他要一个人住院，如果他妈妈不回去就要发病了。当时他妈妈就是不肯，他说发病就马上发病，这种情况家属不陪就要请护工看护，他家经济情况一般，他妈妈舍不得，不肯出这陪护钱。"

"也是，开放病区的陪护一天一百八十块，他妈妈能陪着，干吗还出钱呢？"小李说。

"我去劝了，叫他控制情绪，等会儿主任来查房再说，哪里不舒服可以讲，该检查的检查，不要跟家属杠。但是他当时情绪上来了，眼睛血红血红的，我看着都怕。我赶紧找他的床位医生汇报，一大早的，医生们都在一间一间地查房，前面还没结束呢，我就让家属看好，等个五分钟。"小陆说到这里顿了顿，回忆起了那个不好的画面。

"谁知道,我刚进护士站,就听见孙龙病房里有人在拼命拍门!我又马上回去,听见他妈妈在疯狂拍卫生间的门,一边狂拍一边大喊:'护士,护士,救命啊!救命啊!'"

"他反锁了?"小李问。

"对,我在外面问,孙龙也不说话,就听见砸东西的声音,和他妈妈抡巴掌的声音,也不知道谁打谁。他妈妈哭着喊救命,说儿子扯她衣服……"小陆讲得瞪大了双眼,看了我们一圈,原本就大的瞳孔里映出了我们尴尬的表情。

"卫生间还能反锁?卫生间钥匙呢?不通用吗?封闭病区都是通用的呀。"小李皱起眉头又问。

我们医院男护士不够用,我徒弟一直在封闭病区干活,没有轮转过心理科。在我们封闭病房,卫生间和普通公厕一样,设置了很多隔间,不同的是隔间门被锯掉了一半,勉强保护患者隐私。精神科的很多意外事件都是在厕所发生的,半门设计可以让护士及时处理异常情况。比如陈川的案例,我们可以直接从半门看到他是不是在上厕所,在他故意拖延使坏时能够及时跟进精神科医疗措施。

小陆解释道:"不一样,我们那里都是套间,里面自带一个卫生间。一个病房有两三张床位,也就是两三家人,比如男病人有女家属,涉及隐私啊,门必须有锁的。"

"你听我说呢。"小陆又道,"钥匙确实是通用的,可钥匙对着锁眼竟然插不进去,锁孔被孙龙用东西给堵了,夹都夹不出!我们都蒙了,这真禽兽啊!"

"我天,这家伙故意的,我有理由相信他在我们那边都是胡说八道了!"小徐道,他听得筷子一放,直拍大腿。孙龙转封闭那天和我一起干活的就是小徐。

"有可能吧,我也搞不清这个病人。当时我马上打了保安和后勤的电话。"小陆说道,"这得破门啊。保安到场以后发现踹门的距离不够,怕伤到病人。孙龙的妈妈一边哭一边拍门,还不时拉把手。"

"最后后勤师傅直接把那门锁卸了,才把孙龙抓出来。总之,开放病区住不了这位大神,就转你们那儿了呗。"小陆唏嘘不已,我们也感慨万千。

怎么会有这种人呢?我不禁想起弗洛伊德对俄狄浦斯情结的解释。

> 由爱上一方父母而讨厌另一方开始,是一种儿童时期就开始储存的早期的精神性冲动。这些冲动会终生存在,这些力是长大后患神经症的重要材料。

在《性学三论》中,弗洛伊德又在精神病患者身上发现:

> 对父母一方的强烈妒忌反应能够产生足够的破坏力,这种破坏力能产生恐惧,并因此对人格的形成和人际关系产生永久性的困扰和影响。

由于时常在精神病患者身上观察到这样的现象，弗洛伊德假定这样的现象是一种普遍现象。

但这段论述过于古典了，孙龙属于这种人吗？

"我记得他是感觉自己被女妖附体，发作性自笑来住院的，我们开放病区的诊断是分离转换障碍。但是不太像，这个病人的思维也乱得很。所以，他转封闭以后到底诊断是什么？"小陆的大眼睛疑惑地看着我。

我把记忆翻回到去年冬天。

"哎呀？系统上多了个病人！"小卢在核对医嘱，系统突然跳出一条新消息，"开放病区转病人，是冲动病人！"

"收到。"我已经在备床备约束。一般，病人由开放病区转封闭病房的都是万不得已，杀伤力也大。

几分钟后，小陆和几个保安推着一张床进来了。一个狂笑的男人被用被子裹着，约束带绑在被子外，末端勉强扣在床架上，乍看像个准备送去皇上寝宫的，这会儿又像条出水的鱼，正在不断翻腾。一个五十多岁的阿姨一脸淡定地跟在后面，她身形瘦小，手上拎着三四个购物袋，背后还背了一个很大的旅行包。

病 史 记 录		
姓名：孙龙　　　性别：男　　　年龄：29 岁　　　病史：8 年		
诊断	偏执型精神分裂症。	
患者信息	学历：本科。未婚无业。 在外因再发言行紊乱，眠差十余天，总病程 8 年入院。	
病程记录	患者于十几天前突感妖怪附体，身体被缠住，胸口发闷，浑身发痒，自称有大佛叫自己去阴间做个判官。入院前一周几乎未睡，情绪波动大，易激惹，家属无法管理。	

小陆进了护士站，递了病情交接单，连珠炮似的说："对不住，病人的衣服没法穿上，直接裹着来了。冲动高风险，自杀中风险，他说浑身发痒的时候就想死，但是没实施过。出走低风险，他主动要求住院的。具体看交接单吧。"说完，她又凑近我，捂着嘴巴低声道，"他在我们那边干了不轨的事！"我移过目光瞥了瞥家属，那个阿姨还挺淡定的。

小徐和保安们直接把孙龙带进安检室穿衣服，他下来的时候就这么大大咧咧的，对自己的裸体毫不在意，像是穿了皇帝的新衣。

"阿姨，我这边只收日常生活用品。"我对孙龙妈妈说。

"那怎么行？我们龙龙都要用的呀。这个，这个，都是要用的。"他妈妈指着一袋袋杂物说道。

我替她挑了几样必需品，决定先问点重要的："以前孙龙也这么对待过你吗？像今天这个情况。"我有些难以启齿，也怕家属尴尬。

孙龙的妈妈连连摆手，操着一口方言道："以前？没有没有，他就是胆小、害怕，有时候会抱着我，像小时候那样。今天他肯定又是被什么东西上身了，他吓着了就会控制不住。我马上回去要烧香的呀。"说完，她双手合十虚拜了几下。

我安慰她，再次澄清疑问："今天你确定他是想做那种事情吗？"

"他把自己都脱光了还不是？他要拉我，我都吓死了呀。"孙龙的妈妈肯定地说，不由得攥紧了自己的领子。

"好的，我明白。对了，你是信佛的吗？"我总觉得这事十有八九是误会。

"信的，每个月都要烧香的。我们龙龙就是被脏东西上身了，上身了就不是他，而是'邪'。"她很是虔诚地再次双手合十，对着我要拜下。

"好的。"我哭笑不得，赶紧劝住她，告诉她等床位医生过来问病情，还要签字呢，别急着回去烧香。

回病房的时候，我越想越觉得这是个误会，脱衣服就是想强奸吗？孙龙下来时我目测了一下身高，至少一米八，他那个体格对付一米六不到的妈妈，就脱一件外衣？

共生的母子

弗洛伊德提出过心理退行。

这是一种心理防御机制，是指人们在受到挫折或面临焦虑、应激等状态时，放弃比较成熟的适应技巧或方式，而退行到使用早期生活阶段的某种行为方式，以原始、幼稚的方法来应付当前情景，降低自己的焦虑。

孙龙是这样吗？

病房里，孙龙已经穿上了病员服，情绪也稳定了一些，小徐把他的双手约束在胸前，让他可以小范围地活动。才十几分钟的时间，他就安静了许多，简直和进门时疯魔的状态判若两人。但是我细细观察了他的面部，肌肉微微颤动，眼神也很灵活，能看出他此刻还处于兴奋状态。

"护士，我积极要求治疗！"我还没开口，孙龙就主动说道，"我已病入膏肓！"他面带微笑，对着我双手合十，眼神甚至有些期待。

这病人很会拿捏气氛，他的开场白把我听得一愣，一恍神的工夫，我就像是走进了他主演的情景喜剧。

"那你说说你的病吧，怎么就病入膏肓了呢？"

"我大三的时候被一个女妖缠上了，她夜夜向我求欢，吸我精气！"孙龙说着，用双手紧紧抱住自己，眼神惊恐，身体还微微颤抖起来。

"你怎么确定就是女妖了？亲眼所见？"我要确定他是否存

在幻视。

"妖是看不到的,隐身术!隐身术!她有条尾巴,会把我缠住,我就会胸口闷,胸口堵,我想发泄,发不出来!"孙龙开始揉按胸口,没按几下又卡住自己脖子。我看他面色如常,想是没有用力,便耐心等了等。

"我怕,我吓死了!那女妖还会散播谣言,我后来就不能去上班了,我出去会被人指指点点的!"孙龙随着自己的陈述做出害怕的表情,身体颤抖的幅度逐渐增强,连牙齿也发出上下打架的咯咯声。

"好好说,不用做动作,能控制吗?"我打断他。

"不,不好,我现在开始胸口痒了,痒啊!"孙龙随即就抓挠胸口,大声疾呼,"啊,不好!痒会移动!痒开始移动了!"他马上在自己的身上乱抓,可双手被约束住了,活动幅度有限,看得我有点不忍。很快,他就放弃了乱抓这个动作,高喊道:"我抓不住了,痒啊!"说完竟在床上打起滚来了。

小徐看不下去了,一把将孙龙按住,扣上约束带,说:"我相信你真的痒,你这挠得感觉我自己也痒起来了。"

董医生慢悠悠地进来笑道:"孙龙,我是你的床位医生。"

"医生好,医生,你要救救我!"孙龙一骨碌爬起来,双腿盘坐在床上,目光带着些许迷茫,用一种译制片配音的腔调说,"啊,我感觉,我感觉在做梦,我是做梦了吗?"他轻轻咬了一下自己的舌头,"痛!原来不是梦!"

他尴尬不尴尬我不知道,我们三个挺尴尬的。

"说说大佛和判官。你是看到还是听到？"董医生转换了话题。

"看到，也听到。佛会站在我的床头，不让女妖跟我交合。佛说我只有去阴间做判官才能摆脱女妖。是真的，医生你相信我！"孙龙悲伤的情绪盛满眼眶，很快眼眶就湿漉漉的。我们三个都不晓得怎么接话茬，害得孙龙多酝酿了一会儿，许久才滑下一滴泪。

"妖看不到，佛为什么看得到？"还是我开口打破沉默。

"我信佛呀，信就能看见。对了，我妈也能看见佛，我们全家都能看见，佛就是存在的，佛会为信的人现身法相。"孙龙把头一昂，把残留的眼泪一甩，像是准备与我们据理力争。

"那为什么想伤害别人？佛祖就不怪罪？"老董找了个矛盾点准备突破一下。

"盗梦空间呀！"孙龙挪了挪屁股换了坐姿，切换了一个高深的表情，对我们的孤陋寡闻颇有些匪夷所思，循循善诱地说，"我可以做白日梦，你们也可以的，每个人在自己的梦里都可以为所欲为。比如我现在就开始做白日梦，我梦到我回到我妈肚子里了，我梦到我回到最初的混沌了。"孔龙的声音越说越小，他慢慢闭上双眼。

"孙龙？孙龙？"小徐上前拍了拍他的肩膀。

孙龙还是闭着双眼，面带微笑，不理我们了。老董摆摆手示意不用问了，孙龙已经进入他的混沌了。

"哈哈哈哈哈！"医生办公室里，老董听了我对孙龙的分析，笑得精神抖擞，像精神分裂症青春型，他肆无忌惮地嘲笑我说，"你最近是弗洛伊德看多了呀哈哈，还潜意识，还俄狄浦斯，哈哈哈……"

"怎么不是，我觉得是！还笑！委婉表达都不会！"我恼羞成怒地卷起评估单拍他。我是护理学毕业，又不是精神病专科的，猜一猜又怎么了？这人是真把我当兄弟处啊，连面子也不给我。

老董虚挡了一下，又笑道："弗老爷子的《梦的解析》1899年首次出版。妹妹，咱们早就进入改革开放迈向新时代了好吗？喏，《精神病学》（第六版）借你。"他把桌上一本巨型书塞给我，将眼镜往上推了推，认真地看着我说，"咱是精神科，看完要考的。"

"那人家开放病区还诊断分离转换障碍呢！你就说是不是？"

老董一听兴致就来了，打开医生工作系统让我看孙龙的病史。他随手拿起一支笔，点着屏幕说："你看，他有八年病史，能看到演变过程。"

病史记录，孙龙的首诊在外市，就是他的大学所在地。主诉是渐起头晕烦躁心慌，眠差孤僻懒散一年，诊断为"抑郁症"。服药一年后停药再发，主诉变成了敏感多疑，易激惹，冲动毁物，有时又情绪低落，恐慌害怕，不敢独自入睡，诊断改成了"双相情感障碍"。孙龙大学毕业三年后又停药再发，这次严重了，出现凭空闻语，鬼神附体，发作性乱语，情绪波动大，诊断是"分离转换障碍"。之后每年发病一次，每年的主诉都大同小异，主要是附体感和躯体不适，有时因为幻听影响情绪，偶尔也抑郁。

"入院诊断是根据他入院当时的主诉来的，人家也没错啊，他的确有附体体验。"我指着分离转换障碍的诊断说道。

老董点了点头，对我解释道："但是综合他的病史，提取一下有效信息，再结合我们今天的问诊，根据他的表现，做个鉴别诊断。"

"敏感多疑，被害关系妄想，附体妄想，言语性幻听，幻视……"我一一列举孙龙的精神症状。

老董"啪"的一拍《精神病学》（第六版）大书，道："而且他已经不能上班了，在妄想与幻听影响下，社会功能明显受损，他确实是偏执型精神分裂症。孙龙本身有点表演型人格，极易受暗示，这与他的家庭环境有关，他妈妈信佛，据说也能看到佛，应该也有点症状，但是没有孙龙严重，可以正常生活。"

"懂了。"

"嗯，他是先感到躯体不适，就是痒、胸闷，再有附体体验，很可能是继发的妄想，结合他信佛，有些病人会把这种感受归为附体。"老董又解释道。

我受教了，点点头。

"病人的症状不要多问了啊。"我离开办公室前，老董又补上一句。

"收到，遵医嘱。"

像孙龙这样反复停药，病程迁延的患者，预后很一般，也不太听从我们的护理措施,俗称"自说自话""我行我素"。有时候精神科做的都是单方面的付出,患者不接受不认同不以为意,住院也是勉为其难。

可孙龙是要求住院的,他也承认自己"病入膏肓",他是一个例外吗?

在患者精神症状比较丰富的急性期,我们一般不与患者做深入沟通,以防激起他们的心理防御,引起被害妄想的泛化。

我想,这也是老董不想我探究过深的原因。

提取症状,制定措施,做针对性护理,这就够了,这就是本职。精神科的患者最终还是要回归原生家庭中去,一个家庭固有的相处模式、行为习惯和应对机制就像一条奔腾的河流,我们只能去建议,却不能插手。

但是孙龙就是这么一个高度求关注的人,他每天都要在我们面前上演一出"我有病""我痛苦""我痒"的情景剧。

可针对他这个痒,我又不能怎么样,时间一长,我看得有点麻木。早上查房的时候我都怕被他看见,故意站在医生们后面,躲在不引人注目的门边上。

孙龙却像只大鹅一样伸着脖子喊我:"郁姐!郁姐!我有话对你说!"

我正在自动过滤中,可他有点不依不饶,非得叫到我答应。

于是主任、主治、住院医生以及站在最后面的规培生、实习生纷纷转身隆重开道，露出站在病房门外的我。

啧啧啧，这也太社会性死亡了！我倒吸一口凉气，在众目睽睽中劝道："不敢当你姐，先让主任查完房再说吧。"

"郁姐！我胸口痒！"孙龙固执地喊道，"我好痒好痒！"

老董好整以暇地看着我，嘴角上扬，身体微颤，憋笑憋得很辛苦。

"要不我给你买个'不求人'挠挠吧？实在不行我亲自给你挠挠？"我只得远远地对孙龙喊道。

"啊哈哈哈哈！"老董似乎最喜欢看我无语的样子，主任查房也敢笑！

"主任，治疗要跟上啊，护理苦啊！"我抱怨道。

"电！"主任背着手斩钉截铁地道，"老董，你笑啥笑，啊？还敢笑我们小郁，现在就去打电话给家属谈电疗吧。"

老董点着头退了出去，还冲我翻个白眼。

无抽搐电休克治疗（简称 MECT）是让病人在全身麻醉下入睡，并给予肌松剂及氧气，然后给予大脑短暂的电刺激，引起大脑皮层广泛性脑电发放，使大脑神经细胞释放化学物质以恢复大脑正常功能，达到控制精神症状的一种治疗方法。

对某些精神疾病来说，MECT 是起效最快、最安全的一种物理治疗。

打个比方，如果用药以后患者仍被困在自己的精神世界里转来转去，此时用 MECT 朝他后背推一下，就能推他离开这个混沌之界。也有人形容，这就是把人关机了，重启。

但是 MECT 有两个护士们很讨厌的副作用，就是暂时性意识混乱和暂时性记忆困难。

比如部分病人在六到八次电疗醒来后会发生定向障碍，忘记自己为啥住院，也不记得发过病，瞬间的陌生感给他们带来焦虑恐惧，有时还会发生一些无法预测的意外事件。这时候无论护士怎么解释也难以让病人相信，颇有些鸡同鸭讲对牛弹琴的感觉。为了安全考虑，必要时只能用强硬手段，我们也很头疼。

孙龙就是这样。

第六次 MECT 后，接送组把他推回病房，护工递过交接单，交代道："刚醒，生命体征平稳的，但是回来路上还有点说胡话。"

我把孙龙安置在床，问道："你叫什么名字？"

"孙龙。"他迷迷糊糊地答道。

我叮嘱他好好休息，他微微点头，又陷入睡眠。MECT 后的睡眠很重要，就好比电子产品重启以后要等会儿，不要立刻开很多程序。

可几分钟后,他竟然就醒了,还明显发生了遗忘。他环顾四周,声音惊惧:"这是哪里?!"

"哎!别动!"我连忙阻止。

孙龙好像真的不记得自己在哪里,动作奇快,他翻下床栏,冲门而去!小周师傅马上抬肘用力挡住,但是孙龙身形高大,小周师傅跟他力量悬殊,被他一把推开好几步。孙龙迅速观察四周,顺手夺过一个病人的塑料水杯,一脚踩碎,拾起带有把手的尖利碎片,一边指着我们一边冲到病区大门边!

"小徐,患者冲门!小卢,叫保安!"情况紧急,我转头对着护士站喊道。

此刻孙龙正一脸惊恐地拼命摇晃病区大门的把手,他胡乱对着门禁一通狂点,嘀嘀嘀的按键音激得他更加烦躁,又对着大门连续踹了三四下,震得墙面战战兢兢,结果警报也被踢响了,发出了更为刺激神经的尖锐的声音!

"关掉,警报在刺激他!"

小李马上把警报静音,站在护士站边上,那是孙龙背侧的一个位置。

"放我出去!放我出去!你们在搞什么鬼!你们限制人身自由!我是正常人!"孙龙双眼圆睁,脸色铁青,环视我们三人。

"保安就在门外,问能不能进?"小卢举着手机对我轻声说。

孙龙一直拉着门把手,身体还贴着门,如果保安这时候开门,被他冲出去,情况可能更不好控制。不如想办法吸引他往里面走几步,再想办法制住他。

"等会儿,等机会。"我双眼不敢离开孙龙,没法看表,只觉得时间在无限拉长。小李也心里着急,瞄了我好几眼,小徐在我身边,表情淡定地朝孙龙招手。

我知道他们的意思,要开始情绪降温,转移利器了。我举着双手一边慢慢上前一边微微点头,说道:"孙龙,别怕,我们绝不伤害你,你也千万不要伤害我们。"

孙龙万万没想到我敢过来,往前几步离开了门前区域,威胁着抬起手中的塑料尖刺对着我,怒发冲冠地吼道:"停下来,我说了,停下来!"

"没事的啊,没事的,你看我一个女护士,不伤害你。"我没停,举着手继续走了几步。孙龙不为所动,举着尖刺也向我走过来。

与此同时,小李迅速绕到孙龙后面,劈手勒住他的肩膀向后倒去!孙龙感到耳边劲风呼起,顺势就转身挥手,想扎中小李。小徐冲过去一脚铲中孙龙的脚踝,二人把他放倒,小徐翻身拧住他的胳膊,喝道:"松手!"小李同时钳制着他的另一只手腕,膝盖用力顶住他的膝弯。孙龙死死攥住那个豁口的杯子,骤然发力,反手在小徐手背拉了一条血口子!

我心里替小徐一痛,在就近病床上提了一个枕头,用尽全身力气把孙龙攥着杯子的手紧紧捂住。

孙龙的脑袋被小徐单手按着,他眉头紧锁,挣扎着狂喊:"你们以多欺少,以多欺少!"

"哟,你还挺讲江湖规矩。"小李满头都是汗,一边上约束一边说,"唉,我们都是为你好啊。"

"睡吧睡吧,少说话。"小徐给他来了一针地西泮。

累了,干完这个活,我们三个呆坐着都不想动。

"当当当当当……"音乐门铃突兀地响起,有家属来了。

我按下开关,通话器里传来一阵熟悉的语音:"开门呀,我是孙龙的妈妈,我来送点东西呀。"

"我去,你们休息。"小徐刚要站起来,我拍了拍他的肩膀,叫他继续休息。我走到门外,差点被一个超大购物袋绊了一跤,低头一看,惊得我眼前一黑,她还带了口砂锅来。

孙龙的妈妈端着还热气腾腾的砂锅递到我面前,说:"我儿子电疗做了吗?电疗伤身体的呀,佛祖保佑。妹妹(方言对女孩的称呼),你把这老母鸡汤给他吃。"

我刚要开口,孙妈妈又低头理她的大袋子给我看:"我儿子洗澡没有?脏衣服内裤袜子都给我带回家洗。我儿子的水果还有没有?牛奶再带一箱,妹妹,你叫他喝。"说着她就要把那大购物袋套我胳膊上。

"等下,等下。"我正替她端着砂锅,手里没空。

"没有危险物品的呀,阿姨都知道。"孙妈妈说。

"不不不,我提不动。"我赶忙解释道。

我们单位地处偏僻,这个一米六不到的老阿姨带着口砂锅,背着这么大个包,转三四趟公交车,花了三个小时走到这里。可我们不能收这砂锅,砂锅万一摔碎了也是个危险物品,比那水杯还危险。

鸡汤很香，但是我心里不是滋味。

"这个符，帮我放龙龙衣服口袋里。"她拉开外套，在内袋里掏啊掏，掏出一张折成三角的红纸，郑重地放进一个水果袋里，"佛祖面前供过的福橘，你叫他全部吃掉。"她的眼神虔诚，她对着那袋橘子双手合十拜了拜，又对我拜了拜，我连忙让开。

"孙龙的爸爸呢？这么冷的天，怎么不陪你来？"我有些不忍。

"他爸爸二十年前就走了，只有我，我一个人把龙龙养大。"

我突然很理解这对母子。老董让我不要深究孙龙的心理问题，可怎么不是呢？这位母亲的全部生活重心就是孙龙，甚至孙龙就是她生活的全部动力。但是不断纠缠的母子关系，让成年的儿子缺少心理边界。深沉的母爱能让她大冬天背来这么重的东西，但她忘记了拿来以后就是孙龙在背。

孙龙说，感觉有女妖缠着自己，胸口发闷，发痒，发泄不出来。

孙龙说，自己在做白日梦，梦里可以为所欲为。

梦又是什么呢？梦是记忆痕迹和精神残余；梦是有心理意义的事件或主观体验；梦是最真实的自己；梦是权宜之计；梦是潜意识的守护。

"阿姨，你要不等一下，这个砂锅我实在不能收，但是我可以去食堂找一个一次性打包盒。"

"哦，可以等，妹妹啊，你真是好人，佛祖保佑。"

我受不起她这么直白的夸奖，跟小徐交了个班忙不迭地跑了。

有段时间我不断疑问，精神疾病为啥总是复发呢？咱累死累活的，隔了几个月病人又来了，有意义吗？

老董说："精神科不敢谈原生家庭。"

有人和我说，抑郁的时候很想死。我劝她说，就想想好了，不要行动就行了。她说只有我会这么劝，别人都在跟她说生活多么美好，人生多么可期盼，但是她根本感受不到，别人意识不到她感受不到。

对于原生家庭，只有极少数人可以割裂，多数人是不断纠缠反复伤害，等时间去原谅。

"郁姐，我醒了。"孙龙的药物起效了，他的神态平静，好像暴风雨后的风和日丽。

正好是午餐时间，我把鸡汤拿给他，说道："你妈妈来过，她送鸡汤给你喝。"

"你妈这么好。"隔壁桌一个病人羡慕地说，"我妈要是给我送鸡汤，我肯定感动到哭。"

"那给你吃。"孙龙毫不吝啬地把鸡汤分给他，又给周围三四个病友分了些，自己就留了个汤底子。

下午，我没带孙龙去做康复活动，带他去了会客室。我有任务，我得给他吃橘子。我没告诉他，这是他妈妈在佛前不知磕了多少头许了多少愿供过的。

"郁姐，你这么好，还给我橘子吃。"孙龙有些开心。

"吃吧，多补充维生素。"我把橘子往前推了推。

"嗯。"

"你本来就是想住封闭病房的吧？"我开门见山地问。

孙龙一笑，表情很自然，说："没错，你猜得很对。我得把我妈吓走，我不想她再照顾我了。你看，我已经二十九岁了。"

"你不必用这么极端的方式。"我试着带他分析行为模式。

"郁姐，你不懂。"孙龙认真地说，"你相信我，我现在脑子很清楚了。"他不想和我继续方式方法的话题。

"你受不了你妈妈吗？"

"呵。"孙龙又笑了一声，"哪儿有，是我自己太失败了，考研失败，工作失败，找对象失败，我本来就是个精神病患者嘛。"

"你看病也看了这么多年了，为什么总停药？"

"我妈不让我吃了呀，她说病好了就别吃了，是药三分毒。佛祖会保佑的，她会许愿给我驱邪。"孙龙想了想又说，"当然我自己也有不想吃的时候，毕业刚工作那会儿，吃了药我头晕，头晕就没法上班，可我想要那份工作，就自己停了。"

"复发容易加重。"

"对,我后来就一直幻听,听见佛的声音,但是我区分不开,因为我妈本来就经常放那个念经的东西。"孙龙比划了一下,像是收音机的佛教物件,"难受,我真想死,可能想太多了,幻视了吧,看见鬼影了。"

"你本来在外地读书,就没想过去外地工作,也在外地维持治疗,好好生活?"

"有啊,特别想,可我能吗?我走了我妈就一个人。郁姐,你不懂。"孙龙又剥了个橘子,思考了一会儿,像是无法用语言阐述他们母子间的羁绊,埋头只顾着吃橘子了。

我也陷入沉默。孙龙似乎已经摸索出一套他自己的应对机制,甚至很了解自己的疾病。该发作的时候发作,该收的时候收,压抑到极致时直接就疯,疯了来医院治一治,回去继续。

孙龙默默吃完橘子,掏出纸巾收拾好桌子,说:"我们出去吧,我想去听音乐了。"

"好的。"

我正要出门,孙龙叫住我:"郁姐,这橘子是我妈供过的吧?"

他向我伸出手:"符呢?"

我想起孙龙接过那张符纸的情形,他看也不看地揣进病员服上衣兜里，神色如常。

我想起孙龙发病的时候，是异常兴奋的状态，他用夸张演绎的语调说："我已病入膏肓！"

记忆如潮退去，留下一块突兀的红色的礁石。

我一点也不觉得那个符能保佑什么，抑或又带来怎样的平安，我甚至觉得这东西就是他命运的下下签。

每个病人终将回归家庭，与各自的家人纠缠共生。关系的本质，是谁制造焦虑，谁容纳和化解焦虑。那么，是谁的创伤在内向攻击？又是谁变成了焦虑的容器？

老董说得对，精神科不敢谈原生家庭。

"老大，老大！"小李叫我，"想什么呢？"

"孙龙这次住院还演情景剧吗？"

"没怎么演，还是胸口闷、发痒，幻听、失眠，总体来说比上次好。对了，他也问起你，我说你已经调科了。"

"他还冲动不？"

"这次没有，也没有安排电疗。他还跟我和徐哥道歉来着，难得难得，其实他不疯魔的时候还是不错的。"

"确实。"

"对了，安排他工疗了，他擦桌子擦得好，都抛光了。"

孙龙这个病人直到出院，我也不知道他有没有"治好"。

共生的母子

女妖、判官对孙龙来说更像是潜意识的具象,他的精神疾病远没有他"演"出来的那么严重,在人少或者相对独立的状态下他会很安静。

这是一个很特别的案例。

他的大脑有自己的想法

苏涵的整个世界都是被动的、异己的。

他的大脑仿佛有自己的想法,完全不受控制。

最近好多人问我脑控的问题，问我可不可以写点脑控的案例故事。我当时有些纳闷，临床上根本没有听说过"脑控"这个词，上学也没学过呀。当很多人问的时候，我就开始怀疑自己了，我一个精神科的从业人员对新词有点落伍，知识面明显狭窄。

于是我开始业务学习，关于"脑控"的说法还挺多的。流传比较广的是指：

认为是有人在人为使用高科技设备，远距离向他们的大脑发射可转换成影像、声音、动作指令的电波，导致其大脑中产生一些影像、对话、场景，导致其产生一些匪夷所思、无法控制的举动，比如伤害自己或者伤害别人。

脑控是这样的吗？

我在精神病学的专业书里也没找到脑控这一概念，但是有种精神症状叫作物理影响妄想，概念是这样说的：病人认为自己的精神活动（思维、情感、意志、行为等）均受外力干扰、控制、支配、操纵，或认为有外力刺激自己的躯体，产生了种种不舒服的感觉，甚至认为自己的内脏活动，诸如消化、睡眠、血压等也都受外力操纵或控制。病人对这种体验往往解释为受某种仪器的影响。

像不像脑控的表现？

这是精神分裂症的特征性症状之一。

科普到此结束，现在就来讲一个"脑控"的案例故事吧。

精神科护理想来没什么特别，特别在乎病人的吃喝拉撒睡。一个病人就算他症状再复杂多变，情绪再洪水猛兽，只要肯吃饭能喝水、主动拉屎、主动吃药、愿意睡觉，我们都谢天谢地。

某天，急诊电话告知马上要来一个男性患者，随后系统上入院提示出现他的名字时，我们惊讶地集体起立。他的大名我们早有耳闻，他是男封5病区"黑名单"上的病人。

这里多余地解释一下，黑名单其实是没有的，是我们护士给编派的，一般是因为此患者会针对这个病区的某护士。比如，打过某护士，对某护士产生被害妄想等。比如前文中的顾昭经常扬言要在我当班时自杀，那么为保护患者安全，以防其假戏真做，下次住院他就不会再被收到我所在的病区。

吴组长对大家说："这病人在楼下打过护士，尤其针对男护士，不良事件分享过的，大家要注意安全。"

我想，这么厉害，会不会又是那种让人三观"炸裂"的病人？

入院单上的病史记录很简单。

病史记录	
姓名：苏涵　　性别：男　　年龄：25岁　　病史：7年	
诊断	精神分裂症。 在家拒食拒药三天，被其母亲送入院治疗。
病程记录	18岁时无诱因发病，渐感周围环境不安全，有人用手机发射电波控制自己，认为自己的母亲也被人操纵，母亲说的话都是被人用手机设定好的。 病情严重逐渐不能上学，不愿意出家门，一直由母亲在家照料。

七年病史，只有一次攻击护士的行为，也许事出有因？

我再看苏涵，他躺在急诊的平车上出奇地规矩，感觉像躺了个军姿。不会已经木僵了吧？我尝试叫了几声"苏涵"，病人闭着眼睛假寐，理也不理我。

"来来来，让一下。"急诊的护工师傅把我拉到一边去，说，"不用叫了，就是不搭理你罢了，也没木僵。"说话间师傅把平车往病床边一靠，两手将平车的床单一兜，让苏涵自由落体到病床上。动静挺大的，落床姿势挺歪的，可苏涵保持着这个难受怪异的造型一动不动。

小王医生伸头一看:"哎哟,看样子不用问病情了,省事了,咱们直接挂水。"

精神科也不是每个病人都要沟通的。他有七年病史,翻翻既往病历,发病的套路一模一样,每次出院都不吃药,不吃药隔了半年再发病。这就可以归纳总结了。

由于苏涵暂时无法沟通,我打开系统查看小王医生的诊疗记录。

患者苏涵。18岁时无诱因发病,渐感周围环境不安全,有人用手机发射电波控制自己,认为自己的母亲也被人操纵,母亲说的话都是被人用手机设定好的。病情严重逐渐不能上学,不愿意出家门,一直由母亲在家照料。

我又查看了苏涵前三次的护理记录,七年间他住院三次,入院原因都是拒食拒药。

拒食这个问题很令人头疼,住院患者必须保证饮食入量,维持身体机能,但部分精神病人受精神症状控制,对饥饿的忍耐力增强,如果放任不管,也许真的会饿死。

苏涵显然就是这种人,撞了南墙也不回头。

我推了治疗车过来给苏涵挂水,扎上压脉带,一边给他消毒一边吓唬人:"我好久没挂水了,刚好练练手。"苏涵眼皮子动也没动,还是一副睡着的样子。我想了想又松开压脉带,喊道:"算了,小李,叫实习生过来!苏涵这个静脉不清晰,让实习生练练手。"苏涵还是闭着眼睛,但是手臂肌肉明显绷紧了。

他还知道紧张。

我们并没有实习生,为了安全,精神病院一般都是给护士们见习参观用的。于是还是我给他扎上压脉带,沉默着打好静脉留置针,其间苏涵没有看我们一眼。补液只能维持水电解质平衡,精神科治疗一向是以口服药为主的,病人不愿吃药始终是个难题。

病史中记录,苏涵在楼下病区共鼻饲了二十六次,一天两次,也就是这样难受的操作,苏涵坚持了十三天。鼻饲治疗在患者强烈抵抗的情况下真的不舒服,但是为了保证精神疾病患者的生命和药物治疗,也是必要手段。在鼻饲治疗前,护士们一般会再次进行心理疏导,能劝则劝,万一病人开口吃药吃饭了呢?岂不是皆大欢喜。

苏涵模样长得挺好的,长时间不出门,防晒工作做得好,皮肤白皙;长时间不吃饭,身材纤弱苗条;长时间不工作不做家务,手指干净白皙;在精神症状控制下,他双眼紧闭,睫毛偶有抖动,像小扇子一般在眼下投出浅浅的阴影。

"老大,怎么办啊?"小李问。

"劝啊,劝他吃饭。"我斩钉截铁地说。

"老大,我觉得没什么希望,针都打不醒啊。"

"你多聊聊,和他开开玩笑什么的。"

"不了吧,家属说他在家很久没洗漱了,怕他突然说话嘴巴臭。"小李开始讨价还价。

这时我发现苏涵的眼球转了转。

徒弟不愿意，只能我亲自出马了："苏涵，饭不吃咱们就算了，反正不好吃。小李，拿去扔了。"

"好的。"小李假装端走餐盘，弄出点声响。

"吃根香蕉？"我拿着香蕉凑到苏涵的鼻子边上，"闻闻香味，是不是香蕉味？来，咬一口吧？"

苏涵眼球又动了动，眼皮子却不睁开。

"苏涵，你不饿吗？香蕉啊，饿了咬一口，我给你剥好了。"我苦口婆心地道。

"哎，小郁，他不吃，老头子想吃。"隔壁床的病人向我伸出手，他的外号叫总裁，能支配我们所有护士。

小李立刻夺过香蕉送给总裁，使了使眼色，总裁剥开香蕉皮美滋滋地吃了起来，凑到苏涵头边上边吃边吧唧嘴，赞叹道："真甜！"

小李又说："老大，咱们去准备鼻饲吧。"

我对着苏涵又道："苏涵，那么我去给你买个肯德基全家桶吧？肯德基吃吧？"

总裁连连点头，说："我吃。"

苏涵还是不动，但是他听着了。

"苏涵，你怎么样才会吃东西啊？要么买份肯德基，再给你一个爱的抱抱？来吧，爱的抱抱先来一下。"说话间我把小李的上半身压向苏涵，压得小李几乎趴在苏涵的身上了。

我在他耳边轻声说："准，备，好。"

这时苏涵的睫毛像扇子一样扇起来了，越扇越快，小李有所预感，马上隔着口罩捏住自己的鼻子。果然，苏涵"噗"的一声笑了出来，笑声冲破了无形的屏障，他睁眼一看，小李的大脸盘子近在咫尺。

"你们怎么这样？哪儿有你们这样的护士啊？想笑死我？"苏涵忍不住说道。

"哈哈哈哈。"总裁也觉得很有趣。

一旦"醒"来，苏涵就不"睡"了。精神科挺神奇的，很多东西看不到摸不着，我们常常不知道该如何与病人沟通，不知道病人的切入点到底在哪里，好似隔着一个单向透视玻璃，病人看得见外面，外面的人看不到病人的内心世界。

那次，小李被我的聊天技术深深折服，又怀疑如果他不在场我会不会亲自抱。后来我让小李练了十遍 CPR[①] 之后才告诉他答案："不会，我会用总裁。"

苏涵闭眼太久了，怕光，他用手肘遮住眼睛。我又拿了根香蕉给他吃，他露出一只眼睛怀疑地问："真没有毒吗？"

我剥开香蕉皮自己掰了一小段吃了，剩下来的递给他，说："要死一起死。"苏涵这才慢慢接过，小口地吃了。

---

① CPR：心脏复苏。

小李看了看我，尴尬地闭上眼睛。我踩了徒弟一脚，教育道："怎么？我跟病人一起死，黄泉路上还要继续喂他吃香蕉。"

"哈哈哈，你们真逗。"苏涵估计从没见过这么为病人两肋插刀的护士，感动得大口把剩下的香蕉吃了，用力咽了下去，又道，"对了，现在饭我可以吃，但药我还是不吃的。"

小李的嘴角上扬，小眼睛戏谑地看着我，我甚至看穿了他的内心戏：难道病人的药你也敢吃一口？

"为什么不吃药？"我问苏涵。

苏涵低着头思考，他不知道该不该讲。

"有毒？难受？没有效果？懒得来配？"我开始给他选项。

苏涵点点头，都有。

"鼻饲难受吗？听说你上次住院经历二十六次鼻饲？"

"不难受。"苏涵无所谓地说，他已经很有经验，"我不抵抗就行了，越抵抗越难受。"

"抵抗也是鼻饲。"

苏涵又点点头，说："但是我要让你们知道我抵抗了，所以我不吃。鼻饲的时候放松就不难受，就让你们麻烦麻烦好了。"

小李听了气得手都抬了起来，又颤抖着压下，插进白大褂口袋。我比较成熟，只是在内心翻了个大白眼。

"恨我们？"

苏涵不说话，等了会儿他还是没有回答，差不多到了我认为可以默认的时候，他又说："你们两个还好。"

我想，这病人还算有良心。

我在精神病院种蘑菇

小王医生听说苏涵"醒"了，大为惊讶，过来连拍马屁，我又连连谦虚，连连回拍。苏涵一屁股坐了起来，不耐烦地说："你们能不要互吹了吗？我都躺不下去了。"

…………

在我的建议下，小王医生把苏涵的口服药改了口服液。小李看了医嘱马上对我嘲讽道："吞和喝有什么区别？不还是得从嘴巴里进吗？"

"哼，年轻人。"我对他摇了摇头，他在精神科待的时间还是太短了。

中午我一个人在治疗室，拿着2毫升注射器认认真真地抽利培酮口服液[①]。

小李经过时目瞪口呆，连忙帮我关上治疗室的门，压着嗓子语重心长地说："老大！这是口服液啊！你想给他扎屁股上？！你不怕出事情吗？！"

我又换上1毫升注射器的针头，拿出一盒旺仔牛奶，把利培酮一针扎了进去。

回到病房我热情地把旺仔牛奶递给苏涵："苏涵！你看，我让你妈妈买了点零食，她说你喜欢喝这个。"

苏涵连说谢谢，自己撕开吸管插进去喝了。

小李站在一边目睹了全过程，脸上面无表情，内心一定波涛汹涌。

---

① 利培酮口服液：主要成分是利培酮，急性和慢性精神分裂症患者可用该药治疗。

就这样,苏涵在我们这个擅长拍马屁的病区喝了十来天的旺仔后,精神症状已经明显减轻。

他性子有些倔,但是帮他摆好饭菜,勺子递到手里,再给个台阶也能下床来吃饭。再拍拍马屁,督促督促,他也愿意刷牙洗脸了,生活方面有了喜人的进步。没错,精神科护士们喜欢自己主动吃饭吃药,把自己收拾得干干净净的病人。

我们又了解到苏涵生病以后不能读书,也不能工作,就在家打游戏、看剧打发时间。精神科护士的知识面一定要广,好作为拉近护患关系的切入点。小李游戏玩得多,常和苏涵交流《王者荣耀》;我发现苏涵更喜欢《火影忍者》,小李却研究不深,最后还得师父出马。我每天都跟他聊点写轮眼的九种进化过程等深奥话题。

苏涵说:"你们确实挺好。"

我心虚地想:"你要是知道被我下了十几天的药,就不这么觉得了。"

目前为止,苏涵没有想揍我们的意思。在药物治疗、物理治疗、心理治疗的多重效果下,他渐渐觉得自己也许真的有病。

我们一般在患者精神症状得到有效控制后(比如,存在幻听但可以区分,存在妄想但可以接受劝说),对患者进行疾病的宣教,让他们能正确看待,或者遇到问题时能成本最小化地有效解决。

苏涵就像个榴梿,有点缝不代表熟了,随便掰开肯定很扎手,我想等他自己裂开。

有一天,康复活动时间时,我使出了浑身解数哄苏涵过来下五子棋。

苏涵拈着一颗棋子问:"郁护士,你知不知道有时候脑子里突然出现别人的想法,是怎么回事?"

"你可以具体说说吗?"

"就是别人可以用你的脑子想他的事情,这些事情你本来是不知道的,这些信息不知道是从哪里来的,很匪夷所思对不对?我的大脑不是自己的,有人在控制。我也没告诉过别人,没人相信,我妈都不信。"

我点点头说:"我相信,说不定是人类的超前进化。"

苏涵被我说得一愣,随即就笑了起来:"哈哈哈,郁护士,你怎么这么搞笑,你说得对,我很同意。我还有一种感觉,我在思考自己的事情的时候会被别人的脑电波暂停,就像按了我大脑里的暂停键,我像被操纵了一样身不由己,没有办法再继续别的事情。"

"感觉有人在遥控你?"

"是,就是这样,我还能感觉到自己的身体、大脑,甚至细胞都已经被别人编码了。他们用我的信息复制另一个和我一样的人,但这个人不是我,我们一样,但是不同。"

苏涵怕我难以理解,用一颗白子叠在另一颗白子上,又慢慢移动到棋盘的另一格,两个白子看似相同,本质是不同的。

我理解这种感受,病人在产生这种妄想后还可以体验到复制品产生的感觉,病人会处于迷茫中,分不清哪种才是现实。

我对苏涵又道:"嗯,我明白,这个被复制的人跟你是有联系的,你可以感应到他的存在,因为他是一个百分之百的复制品,携带了你所有的信息。"

"确实是有感应。你怎么都知道?"苏涵觉得有点神奇,问道,"你喜欢科幻电影吗?"

他这个问题其实不突兀,我点点头,说:"平行宇宙?"

苏涵眼睛亮了,他可能是第一次得到认同,第一次把自己的症状与人讨论,他说:"我是不相信神话的,我相信科学。但我无法解释自己这些感觉、这些想法是从哪里来的,我的大脑不按我自己的指令思考,一旦深入思考,就会中断,我相信有高维生物在控制这一切。"

苏涵又说:"郁护士,你知道吗?我有时候还沉迷这种感觉,这不是现实里发生的。如果我仔细感受,我就可以进入复制品的平行宇宙,接收到一种地球语言说不出的信号。"

我跟随苏涵的描述,进入他的思维宇宙。在那里一切匪夷所思之事都是合理的,一切不符合物理定律的事物也是存在的。我想起小王医生说过,医生们也会思考,精神病学会不会阻碍人类进化?人类的精神是不是应该拥有绝对的自由?

苏涵开始乐意与我分享他的症状,他压低声音说:"那我再告诉你一个秘密,我觉得我肚子里有个球,这球也是被人控制的,有时候会在我肚子上跳,有时候会反复进出我的肚脐,钻进肠子里。我之前被一个神秘人下令,这段指令不是声音,而是直接编码在我的大脑里,我的想法也会被编码,传到神秘人那里去。我不能动,不能吃,不能反抗。那时候心里觉得很恐怖,但是大脑没法启动,大脑不是我自己的,我真的动不了。"

苏涵看着我的眼睛,半晌又偏过头垂下睫毛,反复捻着手中的棋子:"你看恐怖片吗?那种心脏被捏紧的感觉,有些刺激。我反复体会这种感觉,既怕,又想体会。"

我稍稍明白为何苏涵每次出院回家就停药了。既然他愿意讨论,我又问道:"你能看见这个球吗?什么样的?"

"球在肚子里,眼睛是看不见的。但是我还可以用视觉,感觉里分化出的视觉,'看'到是黑色的,乒乓球那么大。"苏涵用手指圈了一下大小,放在自己的肚脐的位置上,"从这里上下进出,球很重,能把我整个人穿透。"

"痛吗?"

"不痛,只是能把我整个人压住。"苏涵突然想起了什么,说,"对了,我刚来的时候,也是有球的,你那天把李护士压过来,把球压碎了,我就动了。"

"现在球呢?"

"没了,压碎了呀。"苏涵一摆手。

小李可真胖。

苏涵从那天后,开始变得开朗了一些,康复师给大家放电影的时候,他愿意去二级活动室看电影了。他很少与人分享这个秘密,自己也觉得匪夷所思,只能从科幻片和恐怖片中寻求认同,这是属于他自己的形而上学。神秘人或者高维生物的操纵无处不在，他的大脑还常被人按下暂停键，随后涌进大量重复无意义的异己的想法。他觉得世界上存在另一个复制的自己，很多自己想做的事情都会被神秘人用复制体去替代。

无可奈何，身不由己。苏涵的整个世界都是被动的、异己的。他的大脑仿佛有自己的想法，完全不受控制。

苏涵这次住院没有打我们任何一个人，我很想知道原因，这对今后的工作很重要，我们将借鉴、学习、规避，与类似症状的患者建立更和谐的关系。

我坦诚地向苏涵提出这个问题，如果他不愿回答也没有关系。苏涵却愿意讲，他说："是手机。那天护士接电话了，我觉得神秘人操纵了那个护士的手机。他拿出手机的时候特地看我了，我当时觉得他是在偷偷发射电波，我刚想问他，他就马上把手机装进袋里了。"

我点点头，很多误解就由此而来。护士对病人不经意间的注视也会引发一系列的妄想，如果病人不信任护士，或是对护士怀有敌意，就极有可能发生不计后果的攻击行为。同理，类似的情节也发生在社会上。

"如果我现在拿出手机，看了你一眼，再接电话，你觉得我会发射电波吗？"我很想知道答案。

"不会。"

"为什么呢？"

"你应该是一个中立的人，不会这么做的。"在牢固的妄想系统之下，他的精神世界是真实的，但他信任我，我很开心。

"当然，我很相信你说的事情。"我肯定地告诉他，又问，"那么你怎么区分这个人的手机有没有被神秘人操纵？"

苏涵想了会儿，似是找不到什么地球语言描述，简单地答道："感应到的，真说不清楚。"

我点点头，说道："不要想了，我随便问问的，好奇而已。"

苏涵还沉浸在这个问题中，他开始疑惑了，他的大脑开始按自己的指令思考了，自己察觉到异常或荒谬，是他恢复的第一步。

七年过去了，苏涵终于启动了这无比重要的第一步。

"能给我你的QQ吗？以后能不能多聊聊？"苏涵问，他掏出了一张皱巴巴的纸，想记录下来。

我们单位有保密规定，一般不允许添加私人联系方式。有些家属问医生的手机号，我们也是不能说的。

对于苏涵，我决定让他用条件交换。

那天下午，小王医生开心地对我说，苏涵主动找她，居然同意吃口服药了，真是不容易。

是啊，真是不容易。

苏涵没有父亲，他说有点想不起来他爸的样子了，只听别人说他爸长得非常帅，但是脑子有点问题，经常说胡话。苏涵出生后不久，他爸突然离家出走了，家人报警寻找，音信全无，是按失踪处理的。

"我爸是不是也有精神病？

"我是遗传的吗？

"我爸可能已经死在外面了吧？"

苏涵偶尔问我，我认真听着，没有回答，假装自己是个树洞。

苏涵对我说，他妈妈也不愿意管他。他爸留了两套房子，他妈妈租出去，收入用来打麻将，早出晚归的，也不会多看他一眼。久而久之，苏涵觉得这个妈是被操纵了的，不然怎么连亲生儿子都不闻不问呢？

"我妈的大脑应该也是被控制了。

"我妈如果不是被控制，哪儿有人一天打十几个小时的麻将？

"我妈不在家也好，她做的饭我反正也是不敢吃的，不干净。"

苏涵对他妈妈的行为有一套完整的解释。我也没有反驳，人大约只会相信自己亲眼见到、亲耳听到的事情，尤其是别人的亲子关系，这不是旁人三言两语就可以改观的。

苏涵的妈妈其实对他很好，常打电话给小王医生问病情，问什么时候可以接苏涵出院，会不会吃药吃饭洗澡，等等。七年的时间很长，失去了丈夫，长期独自照顾患有精神疾病的儿子，也许他妈妈已经开始逃避。

苏涵这次住院没有鼻饲，没有打人，愿意服药，顺利地走完疗程，堪称完美。

"现在大脑能自己控制思考了吗?"出院那天我问苏涵。

苏涵笑着说:"当然,可以了。"

"出院后能坚持吃药吗?"

"嗯,可以吧。"

我点点头,给他一张写有我QQ号的字条。苏涵有点惊讶,珍重地收在口袋里。

坚持吃药,这就是那个交换条件。

苏涵后来没有再住院,也没有加我的QQ号。

无声流淌的病人

那天晚上,解玮毫无睡意,他又化身为毒液,在床栏间来回穿梭流淌,无声地滑到我脚边。

治不好的病人是一个解不开的结，是一场集体的尴尬，就算糊里糊涂地出院了，心里其实也很难翻篇。

我遇到过一个发病时行为非常离奇的病人，他叫解玮。

解玮入院的时候是他爸爸背着进来的，他爸看起来五十岁不到，还是身强力壮的年纪，背得却很是艰难：解玮紧闭双眼，双手垂在身侧，脚拖在地上，人趴在他爸的背上往下滑，他爸弯着腰扎着马步两手拼命抵住，解玮却马上往后仰。从我的角度看过去，这对父子组成了一个大写字母"X"并缓缓向我移动。

看得出解玮是故意这么做的，他爸力气不够，拗不过解玮，眼看着就要倒下。男护士们抢上前去帮忙，解玮马上挣扎起来，小伙子们只好把他放地上半拖半抱地弄上病床。

这阵仗引来了集体注目礼，几个八卦的病人还站在床上围观。

∿

我纳闷不已，这病人不是安排小李带轮椅去接了吗？怎么会背着进来？这时小李推个轮椅讪讪地出现在人群后面，像是看穿我的心思，一见我就诉苦："老大，这不能怪我啊，我把他搬上轮椅，他就主动滑倒在地上。我想背他，他就往他爸身上倒，不让我碰，我真尽力了啊。"

解玮的爸爸擦了擦汗，沉默地看了眼双眼紧闭的儿子，沉默地走出去了。我追上去给他讲精神科家属宣教的内容，但他心情很压抑，似乎根本没听进去，只是敷衍地点着头。我一直送他到病区门口，刷开门禁，直到关门的瞬间才听见他爸轻声说了句"拜托"。

病史记录

姓名：解玮	性别：男	年龄：24岁	病史：半年
诊断	退伍一年，半年前发病。		
患者信息	职业：公务员。 两年前渐起敏感多疑，与同事关系差，针对领导，常因小事争执，脾气大、易激惹。		
病程记录	半年前渐起少语少动，不愿出门，整夜不眠。 近一周无诱因反复多次主动倒地，家属送至综合医院神经内科检查后无异常，建议送至本院精神科治疗。		

老董过来了，双手撑在床头上观察解玮：他双目紧闭，面无表情，头在枕头上放得端端正正，四肢规规矩矩，手贴裤缝。要

不是睫毛在不断颤动,看起来就像个雕塑。半晌,老董伸手给他来了个压眶,没反应。

"能忍,好样的。"老董言简意赅地说,又转头考我,"他什么病?"

"精神分裂症。"我说。虽然不能探知解玮的思维,但是行为也能反映精神症状。这种反复主动地倒地,是一种怪异行为,属于行为障碍。

可能是听到我说了这几个字,解玮"醒"了过来,眼睛朝我精光四射地一瞥,嗫嚅着嘴唇,仿佛说了什么。我不由得想俯身一点去听,老董一胳膊拦住我,摇了摇头。

注意安全。我明白了他的意思。

解玮躺着没动,但我知道他每个毛孔都在关注医生护士的反应,便给他简单宣教几句。

回到护士站,小李告诉我,他们家是从外地特地过来求治的,他爸为了解玮辞了原本的工作,安顿好解玮以后,就要在我们医院附近找个地方打工。

求治。我咂摸着这两个字的意味。

解玮这样的病人无法沟通,精神科护理就以监护为主,协助料理个人生活。过了会儿,我正在病房里五指翻飞地输入护理记录,总裁又来找我玩,老头慢慢地踱过来欣赏我打字,我听脚步声就知道是他,头也没抬地问:"我打字好看不?"

总裁"嗯"了一声,又说:"小郁,你看他好看不?"

"哪个他?"我抬头,顺着老头的手指再低头一看,好家伙,解玮不知何时下了床，悄无声息地躺在我脚边！

天哪！我的心脏发出无声的呐喊，慌不择路地在胸腔里四处碰壁，我花了好半天时间才按回去。总裁却饶有兴趣地蹲下来拍拍解玮，解玮一动不动，像一尊安静的雕塑。

我坐着没动，想等等看解玮的反应。心里想着，他那床位离我的座位差不多四米远，为了防止病人跌倒，床两侧的护栏还被我特地拉了起来，他是怎么做到无声无息的？解玮的身高不好测，他爸说他有一米七五，体重六十公斤。我当时虽然在打字，但我们精神科护士干活的时候一向"三心二意"，始终留点心思放在病人身上，一个大活人起来我应该是能发现的呀。真是见鬼了，真是百思不得其解。

与此同时，我还心有余悸，还好解玮没有攻击行为，否则我就没有然后了。

几分钟过去，我忍不住喊了解玮两声，他一动也不动。我转头找小李帮忙，可连他的影子都没看到，也不知跑哪儿去了。病人躺在我脚边实在有点难看，我苦口婆心地劝了半天又没什么效果，总裁还蹲在一边玩他的头发，玩得不亦乐乎，拉也拉不走。

我耐心耗尽，对解玮严肃地说道："解玮！起来！我命令你立刻起来！"

万万没想到，这句话就像芝麻开门一样有用。解玮马上睁开眼睛，一言不发地自己站了起来，他理理衣服迈开步子，规规矩矩地回到床上躺好，头正肩平，手贴裤缝。

"嘿嘿，有意思！这小伙挺有意思啊。"总裁像发现了新大陆，

"我想搬床,我想睡他旁边。"

我马上打消了老头的奇思妙想,把他送回自己的房间,却不敢再写记录了。我对着屏幕发了会儿呆,大脑里全是刚刚那出诡异的戏码。思维乱了就不写了,我叫来护工师傅看门,准备把移动设备推回护士站。突然,我灵敏的第六感促使我停下了脚步,同时眼角余光瞟到解玮,刚才他又动了!

我决定按兵不动,两眼还是盯着屏幕,假装修改护理记录,头部偏斜了极微小的角度,以便观察解玮:他正用极缓慢的速度扭动身体,慢慢把自己的头穿过床栏空隙,再蠕动双腿把肩部移动到床外,接着利用重力把上半身也穿过去。等头触到地面以后,他利用重力继续下滑,之后以肩抵住地面,最后像漫威宇宙中的毒液一样从床上"流"了下来,全程无声无息,行云流水……

这柔韧度,这水蛇腰,这精准的肢体控制,谁看了都要鼓掌啊!

他似乎还在移动?他还想干吗?我这个角度看不见地面了。于是,我把自己的动作用 0.5 倍速播放,不动声色地站起来观察着他。解玮没发现,他正躺着修正姿势,突然像煎蛋一样无声地翻了个面,然后一路匍匐前进,穿过了三张床底,越过了两双拖鞋。

等解玮前进到我桌下,我突然出声问他:"好玩吗?"

解玮吓得一激灵,马上埋头闭眼不肯起来,我又给他一次"命令",他马上乖乖地躺了回去。

小李回来听说有这等怪事,怎么也不肯再出去喝水上厕所了,非要替我坐镇一级病房好好学习。我把他留下看门,自去汇报老董,他也是听得津津有味,啧啧称奇。

语言和行为是个体心理活动的外部表现,在人类主要为有意识、有目的、有动机的意志行为。解玮这些怪异动作背后又代表了什么呢?他不说话,我就不得而知。

我们安排解玮做检查的那天,吴组长坐镇一级病房。解玮看着安安静静的,其实不愿意做检查,他在吴组长面前"假摔"了好几次。可吴组长力气大,两手叉着解玮的腋下把他搬上了轮椅,我连忙给他扣上轮椅的保护带,刚要拨动刹车,解玮双脚一瘫又像毒液一样流到地上。吴组长焦头烂额,拿着约束带说:"别烦了,咱们把他绑过去吧。"

解玮听见了,二话不说两眼一闭,往地上一滚,视死如归。

我灵光一现,想起那天的"芝麻开门",对解玮大声命令道:"解玮,我命令你立刻坐轮椅上!"解玮接到"命令"后突然做了个平板支撑,同事们马上四下散开,他就真的站起来自己坐上轮椅了。

解玮吃药是愿意吃的,"假摔"加"流淌"也在齐头并进,一点也没有改善。我问他为什么,他只看着我,嘴唇翕动几下,根本无法听清他在说什么。我试图命令他不要摔不要钻床底,他却不听,他只执行"起来"这一个指令,原来咒语也不是百试百灵。

小李说,要不试试假摔的时候不扶他,看看他会不会真一个猛子扎地上。我也想试试，于是默许他这么干。

一次，解玮用唇语表示要上厕所，小李马上走过去立在床边，解玮摇摇晃晃地站起来了，小李没扶，解玮开始加大幅度左右摇摆，小李无动于衷，解玮马上"咚"的一声磕在地上……小李蹲在一旁哭丧着脸："老大，他来真的，他真的想摔自己，扶也来不及了。"

嘶，狠人，我肃然起敬。

我们再也不敢尝试了，给他检查了身体无甚大碍，小李还是弄了一个冰袋给他敷着，生怕他起个大包。

还有一次，总裁玩心大起，他趁解玮钻床栏的时候突然走过去用屁股堵住缝隙，我也默许了。解玮用脑袋感受了两下老年人臀部的松软，察觉出不对劲，又躺了回去。我以为他要放弃，谁知道，他来了一个一百八十度大扭转，从另一侧床栏钻了出去，缓缓淌在地上……

水做的男人，我心中感慨万千。

"他是条大蟒蛇。"总裁评价道。

某次夜班接班，我惊讶地发现解玮被约束了起来。小金给我交班说："今天主任查房的时候，解玮往主任身上倒，主任也想试试不扶，结果他连着摔了两次，你看这儿，都摔破皮了。"她翻过解玮的脑袋给我看他的额角，已经青了一大块，主任就让吴组长给他约束起来，以防再次摔倒。

凌晨，我发现解玮的呼吸不均匀，在我接近他的瞬间睫毛还扇了几下。"睡不着？"我轻声问道，"难不难受，想睡觉吗？要不要帮你叫医生来看看?"

解玮闭着眼摇摇头,我照例安慰他几句,转出去巡视其他房间,再回来时发现解玮正努力啃咬约束带,一口接一口,里面的衬垫都快被他啃光了!我气得眼前一黑,感觉浪费了满腔的感情。破损的约束带容易磨破皮肤,我和护工师傅只得蹲上蹲下地给他换了条新的,反复叮嘱他好好睡觉。

可是,他并没有睡,反而啃得更起劲了。当他啃完第三根约束带的时候,我已经崩溃了,管他凌晨几点钟,马上电话叫起值班医生,给他打了一针。

解玮真是狠人,10毫克氟哌啶醇下去,依然可以在四肢被约束的情况下做各种高难度瑜伽动作,顺便还啃破了一条床单。他一点也不吵闹,可比吵闹的病人还叫人头痛。

凌晨四点,我的头很晕,四个小时过去了,解玮的状态还是很紊乱。不知他啃咬约束带有什么目的,我更加不敢离开一级病房,焦躁地问他:"解玮!你不睡觉在这儿上下翻飞的到底要干吗啊?你不说,我怎么可能知道呢?你说出来好不好?!"

解玮听了突然坐起来用力往后一倒,后脑勺眼看就要撞上铁床栏,电光石火间我连忙把枕头抽上来垫着,他的铁头一下子撞在我手上,震得我整条手臂都有点麻了。他还是不说话,开始不管不顾地疯狂撞头,我顾不上麻和痛了,一边用自己的手垫着他的头,一边捞起被子包住床头栏杆,护工师傅跑出去拿肩部约束带把他的肩膀也扣了起来。

我们就这样按着他,保护着他的头部,直到阳光刺破黑暗,解玮才终于累了，沉沉睡去。

这档夜班把我的脸都熬黄了，老董早上看见我的时候直呼我们不是同龄人了，想喊我一声阿姨。我累得吵架都吵不动了。工作这么些年，见过很多怪异行为，背后的原因基本都脑洞大开，匪夷所思。可像解玮这样怪异叠加自伤的行为真的特别少见，护理上也非常难做。我特别想知道为什么，老董比我更想，所以他和家属去谈 MECT。

我总觉得 MECT 就像一个终极武器，在人力不可企及之处，给灵魂来一次深刻的醍醐灌顶，让精神的多维宇宙找到统一的世界线。但有些人能完成超时空逆转，有些人则漂泊得更远。

记不清是第几次治疗后，解玮突然开口说话了，他说想喝水。

我一度怀疑自己幻听了，到处寻找声音来源，直到总裁颤颤巍巍地下床去给他倒水。

我连忙阻止了老人的爱心行动，MECT 后需要等待两个小时才能给患者喝水。我和他们解释，解玮勉强同意了。

"现在可以说话了？"我问解玮。

他迷茫地看着我，陷入一个似懂非懂的状态，他反问我说："我以前不能说话吗？"

我纳闷了，怎么问起我了？道："不能啊，你今天第一次讲话呀，以前你就动嘴唇。"

解玮的眼神又迷茫起来,他思考了一会儿说:"我觉得自己之前也是有声音的,我说话了,只是你们听不见。"

他的状态太像麻醉没醒的样子,我不禁问询起时间、地点、人物的定向问题,解玮一一回答了。他是清醒着的,他不记得住院了多久,但知道周围环境,知道医生护士,知道自己姓甚名谁。

我忍不住又抛出那个问题:"你为什么老是摔倒?为什么总要钻床栏?难受吗?"

"我控制不住。"解玮说这话的时候不与我有眼神交流。

我再次评估起精神症状:"那么你觉得身体属于自己吗?"

"属于。"

"有没有别的东西控制你,比如电波、磁场、芯片?"

"没有。"

"脑海里或者耳朵里有没有什么言语在命令你?或者天外之意?心电感应?"

"没有。"

"好吧,那么为什么呢?我是指你这样反复摔倒的目的。"

"没有什么目的,就是想摔,控制不住。"

…………

他这些回答让我有种被敷衍的感觉。我甚至有些烦躁,觉得他在主观上不想好起来了。难道就这么摔摔打打的了此残生?他才二十四岁,凭什么要这样活着呢?

我认为解玮并不信任我,所以掩藏了真实的想法。我试图跟解玮再次拉近关系,午休时间到一楼超市买了盒无核话梅给他吃,边吃边聊。

我语重心长地告诉解珏:"你越是控制不住自己,就越要学习控制。比如,你忍不住要钻床栏了,得去感受一下自己想钻床栏之前,有没有什么特殊感觉,或者和平时不一样的想法?又比如,你钻到一半,我们发现了叫住你,你有没有停下来再思考一下这种行为的目的?钻进去要做什么呢?钻进去有什么好处呢?再比如,你已经意识到自己躺在地上的时候,可不可以给自己下个命令站起来?你看,摔倒也是同理,你不能再这么直挺挺地摔下去了,你这么壮实,我也扶不动不是?"

解珏点点头说:"好的,郁姐姐,我会努力的。"

隔了几天,同事们纷纷表示,聊天有用,话梅没白吃,电疗没白做,解珏这个小伙子要好了。吴组长说最近的白班,解珏不再主动摔倒了,走路挺稳。小金说他在中夜班也能睡觉了,不钻床栏了,优秀得不得了啊。

我心里扬扬得意,虽然不知道他的动机和目的,起码人家能主动控制,这也是质的飞跃。护理上不用天天防跌倒,工作量起码少一半吧。

我在下一档中班的时候,特地给解珏精心挑选了两本书,都是不怎么费眼神的轻松治愈小故事。他平时不喜欢看电视,对康复师也爱搭不理,人总要做点什么对付孤独的生活,我想这小伙子比较内向,也许爱看书。解珏却不接过去,他说看不进去,平时也没想什么,不觉得无聊。

我再次浪费了满腔的感情,却也不能勉强。

夜幕降临，护工师傅在控制面板上关闭了一半的照明，整个病区开始入睡，我敲击键盘的声音也变得越来越清晰。

这时解玮突然不声不响地坐到我身边，一言不发地将上半身向我前倾。我顿时汗毛竖起，条件反射地站了起来，抄起一本病历指着他，跟他保持距离，同时后退了一大步。解玮好像被伤害了似的一愣，我甚至能看到他张大的瞳孔中映出的我剑拔弩张的样子，随后他的眼神肉眼可见地暗淡下去。他几乎立刻就离开了，什么也没说。

我是真的条件反射。特殊职业让我对突然靠近的病人已经产生了本能的逃离反应。解玮可能只是想等其他病人睡了以后找我聊天而已，我意识到刚刚的反应有些过激了，正打算找补几句再聊一番，解玮已经默默躺回病床，背对着我盖上被子睡觉了。我最终也什么都没讲，本来工作守则中就要求工作人员与患者保持社交距离，何况是男病人呢，我又没做错。

后来回想这一段时我常扪心自问，如果我当时就跟解玮解释几句，或者让他和我解释几句，结局会有所不同吗？

那天晚上，解玮毫无睡意，他又化身为毒液，在床栏间来回穿梭流淌，无声地滑到我脚边。我蹲在他身边劝了很久，我难受极了，只得呼叫保安再把他约束起来，值班医生临时给他加了促睡眠的药，效果很一般。

时光倒流，事件重演，我突然觉得工作毫无意义。

更奇怪的是，解玮竟然只在我当班的时候选择性发病，在其他同事当班的时候稳得很。

我得知以后气得不行，跑过去质问解玮："凭什么这么对我？我哪里对不起你了？不就是那天不让你坐我边上吗？哪个病人靠工作人员那么近？"

解玮没回答，从那天起和我讲话的次数更少了，迫不得已必须对话的时候就点头摇头。所有工作人员中，解玮只对我区别对待，好像我被他孤立了。

小金说："你那天伤害人家了，他绝对是针对你了。"

小李笑称："不对，这是一种特别的感情，他只希望得到你的关心。"

我摇了摇头，无心与他俩插科打诨。插曲而已，我想。

只有老董在关键时刻从不掉链子，他丝毫不觉得是我的问题。他从病历堆里抬起头对我说："如果解玮回到社会上，也对别人的某个不经意的行为过度反应，也当场来个假摔抗议，那这能算治愈吗？别把自己当根葱！"

老董觉得这就是治疗不到位，打电话给家属考虑换药。

他爸又来了，穿着一件外卖员的蓝色马甲，头盔挎在胳膊上，手里拿着沟通单仔细阅读。见我开门出来，他爸马上把单子放下，拎起一袋包子递给我，说："麻烦你麻烦你，豆沙包，解玮爱吃。"

"你儿子以前做什么工作？"我好奇地问道，我记得病程上职业方面的记录还是空白。

"当兵的，退伍一年了。"解玮的爸爸搓了搓手。

老董皱着眉头问解玮他爸："为什么入院的时候问你没讲呢？"

解玮他爸尴尬地说:"哎呀,都退伍一年了,已经不算了。解玮生病是在半年前,感觉和这个没有关系,家里人觉得他就是不肯去工作。再说了,叫人家知道当过兵的人还得这种病,特别丢人,也给部队丢人。实在是不好意思告诉医生。"

又是病耻感,我和老董交换了一个眼神,彼此了然。

也许每家精神病院都自带拒人于千里之外的强大气场,每个踏入精神病院的家属都无法坦然面对。躯体疾病叫病,精神疾病叫疯。奇怪的动物被保护起来,奇怪的人类被排挤出去。

现在解玮的这些怪异行为有了部分解释:他会服从命令,他摔起来不怕痛,他还会匍匐前进,他躺着的时候规规矩矩的,像立正……但是钻床栏又代表什么意义呢?训练有这种项目?我不得而知。

我把解玮叫出来吃豆沙包,他看到豆沙包时眼神有些惊讶。我没解释,我正需要这几个包子跟他拉近关系,问道:"听说你当过兵?什么兵?"

"武警。"

"在哪里?"

"新疆,边境。"

"做什么?"

解玮不答,埋头啃包子。

"保密?"

解玮还是不答。

"在部队发生过什么不好的事吗?"

解玮摇了摇头。

"保密？"

解玮还是没有回答，专注于手里的包子。

"嗯，吃吧，包子是你爸带来的，我随便问问，防止你有什么解不开的心结，并不是探听隐私。"我明白有些部队是经过全员筛选并且保密培训的，具体情况一个字都不能泄露，也许解玮正是这样的一员。不该问的别问。

由于解玮总是在我当班期间发病，我主动回避了他。我向护士长申请一段时间不上一级病房，省得彼此间恶性循环。我把解玮送回去不久，小李就跑到二级病房质问我："老大！你是不是心理摧残解玮了？他怎么哭起来了？"

我纳闷不已，没有呀，不就问了几句当兵时候的事情吗？他什么也没说呀！我跑回一级病房去，看到解玮规规矩矩地躺在床上，头正肩平，手贴裤缝，无声地流泪，无声地抽泣。

我反复闪回刚才那几分钟的对话到底哪里刺激到他，思来想去，应该是"保密"二字吧。

我永远也无法得知解玮作为一名武警战士时，到底有没有发生过创伤性事件，就算有，他也被"保密"二字紧紧箍住了。他不是个听话的好病人，但一定是个服从命令听从指挥的好军人。

"他会是战后创伤综合征吗？"我问老董。

老董摇了摇头，说："他不说，我又不会读心术。"

古人说，刚极易折。

解玮出院前，主任和老董跟他深谈了一次，希望他能学会自我调节。对解玮来说，药物只是辅助治疗；对我们来说，解玮此题无解。

时至今日，我再想起解玮，却不是穿着病号服，而是穿着军装在边境站岗的样子。

他们都向我示爱

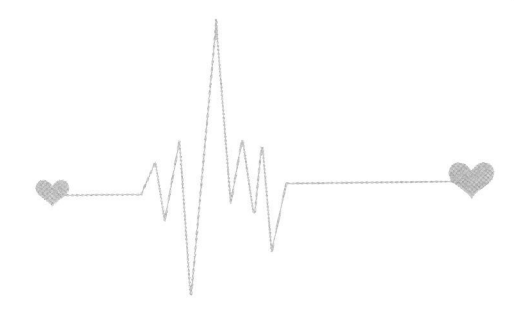

我时常看到她俩在走廊尽头说些悄悄话。一个对爱满是憧憬，一个对爱满怀恐惧，我不知道她们具体说了些什么，但她们似乎在相互治愈。

今天去女病房发药,花花笑嘻嘻地走过来和我说:"郁护士姐姐,我今天又写信给江医生了。"

我看着她红扑扑的脸,很想逗逗她,揶揄道:"情书啊?"

花花的脸更红了一些,气得一跺脚,说:"你才写情书!我写信给他说我跟他断绝关系了,我以后要和我男朋友好好过,再也不想他了!"

"哈哈哈!"我忍不住笑,看看周围也是笑作一团,连平时有些冷漠的病友也忍不住嘴角上扬起来。

去年,我们收了一个在街上流浪乞讨的女病人,诊断是精神发育迟滞。她被保安送进来的时候情绪非常激动,歇斯底里,号啕大哭,边哭还边扯自己头发。护士们按着她的手脚,不让她继续伤害自己。折腾了一两个小时,最后还是用药稳定了。她说自己被男朋友从外省带到本市,没过多久就被抛弃了,没有生活来源了,心里特别绝望。她说小时候跟着爷爷,大了就准备找对象结婚,从来没有工作过,现在也不知道怎么找工作,身上没有钱,饿了就跟小餐馆的老板要点剩饭吃,不晓得怎么回家,已经流浪了一个多月。

她就是花花。

上一段治疗进行了两个月，感觉恢复得差不多了，救助站联系了花花的爷爷，送她回老家去。临走时我们千叮咛万嘱咐，叫她别再上男人的当了，尤其是不能跟着男人随便跑到外地。当时花花连连点头，就差写保证书了。

可万万没想到，隔了几个月她又来了。

这次花花没哭，甚至还开开心心地和我打招呼："郁护士姐姐！我来了！"

我哭笑不得，问道："你不会又被抛弃了吧？"

花花认真地点点头，说："我这次是约男朋友见面啊，可不是跟男人跑出来的，只不过约好了他没来见面，肯定是想抛弃我。"

原来回去以后她又开始了一段网恋，好巧不巧，这个网友也是本市的，花花约对方见面，对方没有出现，她又心灰意冷的，在街上已经哭过了。

"为什么来住院？"我觉得她这次状态还行。

花花探头看了看办公室的方向，说："我觉得自己发病了，心里很想江医生，索性自己报警来住院了。"

"哦，想江医生啊，哈哈哈。"我不禁笑了出来。江医生是花花上次住院的主治医生，肤白腿长，浓眉大眼，文质彬彬的，是不少年轻女病人的憧憬对象。不过人家已经结婚有孩子了。行吧，知道带电话求助已经聪明多了，至少没去要剩饭。

这次花花的病情还算稳定，我们直接安排她住二级病房，可以在病区里随意走动走动。于是花花先故地重游了一番。

逛了会儿，花花跑到护士站找我们，叉着腰噘着嘴，脸急得发红，大声问道："江医生呢？！江医生怎么不在？！"

我随便拿了张巡视单遮住脸，简直不忍心告诉这个纯情的妹子，她的江医生已经调病区去男病房了。

小南却不这么扭捏，直截了当地告诉她："你的江医生调去男11病区了，看不到啦！"

花花气鼓鼓地站了会儿，不知想些什么，我好怕她又哭起来，我可不擅长劝人收眼泪啊。好在花花没闹，自个儿走了一圈，又想起来什么似的问我们："那我现在的床位医生是男的还是女的？！"

"男的，男的。"我连忙抢着说道。花花勉强了自己一番，又被我们七嘴八舌地劝了一番，好歹回病房去了。

我马上到医生办公室，拉着小马，要他做花花的床位医生，小马吓得缩在座椅里，连说："放过我，我长得丑。"

我转向老刘，老刘马上说："我长得又老又丑。"

推来推去，我只好对主任说："主任你看，我们应该满足患者的合理要求，患者要求一个男医生过分吗？一点也不过分是不是？要不，和花花说主任亲自做床位医生？"

主任干咳一声，看着我诚恳地说："我长得又老又丑又胖。"

"那……猜拳？"

…………

病 史 记 录	
姓名：花花　　性别：女　　年龄：22 岁　　病史：/	
诊断	轻度精神发育迟滞。
患者信息	患者自幼智力发育低下，入学后学习成绩差，语文只能考 30 分，数学交白卷，小学未毕业。 闲散在家，平时跟随爷爷奶奶生活。不能参加劳动，日常生活需要家人督促和照顾。
病程记录	今年 4 月时患者精神异常，在酒店时言行怪异，生活懒散，需要人照顾。民警联系救助站后，考虑其精神异常，首次将其送入我院。

四月时患者在外流浪，衣衫不整，言行怪异。被民警发现时患者反复哭泣要回家，因患者精神异常，在酒店时言行怪异，生活懒散，需要人照顾。民警联系救助站后，考虑其精神异常，首次将其送入我院。诊断为轻度精神发育迟滞，显著行为缺陷，需要加以关注或治疗，患者病情好转出院，之后的具体行程不详。

十月时患者在视频平台上聊到一个男朋友，约在本市见面后男子关机消失。患者又自行报警，经过救助站系统查找为精神病人，后由警察送来，走救助途径再次入院。

这和钟情妄想症不同，这里引用一下概念：

钟情妄想症（Delusion of Love）：患者坚信自己受到某一个或多个异性的爱恋，因而采取相应的行为去追求对方，即使遭到严词拒绝，也认为是在考验他，仍反复纠缠不休。主要见于精神分裂症。

我前几年遇到过一个患钟情妄想的女病人。那天我送病人去做MECT，因为不需要站那儿等，我就先回病房了，路上被一个急诊的女病人从背后冲过来猛撞了一下。我当时真是条件反射，一个反身就抓住她，看到保安和家属也正往这儿追。

她穿着颜色鲜艳的裙子，头发蓬乱，盯着我大声咆哮，像是要把我吞了，喊道："我就是×××的老婆！"随后就被家属拉走了，她踢蹬着喊着那个明星的名字上楼去了。

后来我问了问同事，那个病人确实存在钟情妄想。追星去机场接机，明星朝她笑，向她挥手，她认为明星爱她，演电视剧、开演唱会都是向她示爱。为此她写过情书，穿婚纱去明星下榻的酒店，也给那个明星造成很多困扰。

但是精神发育迟滞不同，在情爱方面带着点人类原始的本能，喜欢长得帅气、性格温柔的人，内心憧憬爱情。大多数的女病人是言语表达，追求示爱；有些男病人会付诸行动，带来一些危险的后果。比如法医秦明在《尸语者》中写到的那个使出狂乱之刃的患者。

过了一会儿，病房里又响起花花歇斯底里的哭声，她号得一声比一声大，一声比一声凄惨。如果加上一场滂沱大雨就更有氛围感了。我走过去，看到小陈医生站在她身边忍不住捂上了耳朵，估计是小陈医生猜拳输了，太惨了，她是个女医生。

我蹲在地上拍着花花，说着些苍白无力的安慰，花花泪眼婆娑地说："郁护士姐姐啊！我难过啊！我这次来住院就是想见见江医生而已。我就是喜欢长得帅的医生，我想天天看他，又不是要追他啊，为什么？为什么啊！"

"算了算了，花花，天涯何处无芳草，你那交友APP不行。卸载了，回家重新下载一个，咱们东山再起！"我劝道。

"你瞎说！网上那些人哪儿有江医生帅！都是滤镜你懂不懂！"花花用袖子把眼泪一抹，气得站了起来。

"哦哦，我错了，我下次不说了。"我心想，江医生在她心里真是TOP 1啊！

小南听见哭声也过来了，她却不这么想，对花花说："江医生的老婆也在我们医院，你天天看人家的老公不合适吧？"

花花愣了几秒，嘴巴一鼓哭得更凶了，说："小南姐姐！你怎么这么狠啊！我难道不知道吗？！我就是不想提江医生的老婆！我不想知道他结婚，我不要提，你非要提！"

小南又说："那可不得提嘛！你该长大了呀，你老是想着江医生，哪个男的还会跟你谈恋爱？"

花花想了想好像确实是这么回事,被我们又七嘴八舌地一哄,也愿意让小陈做她的床位医生了。

花花的少女心是粉红色的,常和我们借笔写信,写在病区康复活动用的彩色折纸上。她给我看过几封,都是写上次住院时江医生对她的好,比网络上那个男的好得多,写江医生玉树临风、知识渊博,是她这辈子见过的最有学问的人。她还把写完的信都折成千纸鹤。

有天安全检查,我们在花花的枕头底下发现了几十只千纸鹤,数量有点多了,不方便存放。我就跟她商量说:"给你找个罐子好吧,你存在护士站,我们也不会偷看内容的。"

花花昂着头不屑地说:"你们看也无所谓,我就是光明正大地喜欢江医生。"

"要不我给你用炮筒(气动物流①)'炮'给江医生。"小南建议说,"你以后写好了就找我,我这就发微信告诉江医生啊,叫他等着收千纸鹤。"

"对对对,发给江医生,不然就白写了。"另一个病友劝花

---

① 气动物流:气动物流传输系统,是以压缩空气为动力,传输瓶为载体,在密封的管道内以5-8m/s的速度,实现小型医疗用品自动传输的设备,它满足医院紧急物品快速传输、敏感物品安全传输的需求。

花说。

花花犹豫不决，又噘起嘴不开心了，但是小南已经捧着那些千纸鹤去护士站了。

突然花花想起什么，跑了几步，对着护士站大喊一声："小南姐姐！你和江医生说！千万别被他老婆看见了啊！"

之后我们这儿又来了一个存在自罪妄想的女病人，叫小静。这里再引用个概念：

> 罪恶妄想（Delusion of Guilt）：又称自罪妄想。患者贬低自己的道德品行，坚信自己犯有严重错误。轻者认为自己做错了事，说错了话，应该受到惩罚，或者反复计较于以前做过的一些小错事；重者认为自己犯有不可饶恕的罪行，给国家造成了巨大的损失，应该坐牢或枪毙，因而拒食，或以整天干重活脏活，甚至以自杀自伤的方式来赎罪。主要见于抑郁症，也见于精神分裂症。

某个中班，晚上十一点多了，我巡视完本班的最后一圈，回来的时候发现小静不知什么时候出来了。小静在护士站门口徘徊，她焦虑不已，双手紧紧交握着，额头都冒汗了。我刚要问她原因，她"扑通"一声朝我跪下来，双手合十哭道："郁护士，你快救救我，我不行了，我有罪！我不能再苟活人世，可我真的舍不得死啊！"

我受不了病人下跪，一时半会儿拉她拉不起来，只好侧身蹲在她身边，佯装生气道："我以后活不到一百岁就怪你，你给我下跪会折我的寿，罪加一等！"

小静尴尬不已，连忙自己爬起来，唯唯诺诺地站在一边哭了起来。我怕她受不住再来一次下跪，便要她保证不能再随便折我的寿，她同意了。

我又问："你怎么有罪了？"

小静焦虑地说："我脑子里控制不住地想自己将来会出轨的事情，还想男女之事。我想停下来，可脑子里不停地冒出想法。我觉得自己好脏，好罪恶啊。我可没有出轨啊，我连男朋友都没有，我就是控制不住要想这些。我想死，怎么办啊？"

我在系统上查了查医嘱，发现药量已经很多了，就想了个主意说："这样吧，你每天晚上找人去忏悔十分钟，忏悔可以赎罪。你想，人家信基督教的人睡前都是要忏悔的，要是没用，人家忏悔来干什么，是不是？我还要给你找个会保密的人，绝不会把你忏悔的事情说出去，怎么样？"

小静同意了，先跟我忏悔了十分钟，然后安心去睡觉。

第二天早上，我去超市给花花买了盒牛奶巧克力，我对她说：

"花花，我们是朋友对吧？"

花花正吃着巧克力，吃得眉开眼笑，连忙点头说："是的，我们是好朋友了。"

"朋友就要相互帮助，朋友就要两肋插刀。你帮我个忙，每天晚上睡觉前听小静说几句话，听完就结束了。但是小静说了什么你要保密，跟谁都不许说。结束后，你可以来护士站领一块巧克力作为奖励。"

"就这么简单？"花花觉得这事情太便宜她了。

"就这么简单啊，我们关系好，只有你能帮我了。"我故作苦恼状，又说，"你看，我也不是天天上中班，我总不能天天晚上从家里赶过来听她说话是不是？全靠你了。"

花花得了这个任务，完成还有奖励，欢天喜地地答应了。

这个安排持续了大约一个礼拜，花花不知从何时开始不再写信折千纸鹤了，小静也不再朝护士下跪了。我时常看到她俩在走廊尽头说些悄悄话，一个对爱满是憧憬，一个对爱满怀恐惧。我不知道她们具体说了些什么，但她们似乎在相互治愈。

有天花花又到护士站和护士们说话："姐姐们，我以后一定要做个好女人啊，网络上的男朋友离开我，肯定是知道我心里想了江医生，我好像真的跟他提过江医生，女人有了男朋友怎么能想别人，说别人又好又帅呢？我现在觉得对不起那个前男友了。"

"行,那你写个绝交信。"小南点点头说,"我再帮你'炮'过去,江医生那边收到信后,你们就正式绝交。以后他就是个普通医生,你就是个好女人。"

花花当时犹豫了半天也没写,估计心里还是不舍啊,毕竟是TOP 1。护士们看出她的心思,没有勉强她,纷纷劝她放在心里,保留一份美好回忆。

今天听花花说起绝交信的事,我觉得她挺不容易,对她来说这就像一次失恋。可花花并没有难过,她问我:"我现在长大了吧?我这样回家,爷爷会开心吗?"

我给花花拿了一块巧克力,说:"当然,你真的长大了,你现在就是好女人了。"

回到护士站,我发现气动物流机器的框里躺着个炮筒,打开一看,里面是一张字条,写着:

早日出院!江某。

癫狂恶邻

他就像个顽固的碉堡,冷不丁地投出一弹,一击得中,他的情绪就纷纷炸开,要炸得周围一片焦土无人生还。

有时候和医生们聊天，诊疗中会有些家属要求医生把病人治成什么样，让病人不要怎么样。医生们听到就头疼。

老董就被家属弄崩溃过，他说："我是医生，不是爹！我是看精神病的，不会教他做人啊！"

偶尔，我也会遇到一些本质上很恶劣的病人，护理过程很压抑，很苦。

疫情期间，有天，我准备去接一个叫陈川的病人，和我同一届的老杨打电话交接病情，他说："小郁，这个病人比较恶劣，在外面骚扰邻居，来了以后也不合作，非常冲动，家属也不太配合，对病人的态度很麻木，你们要推床带约束来接，注意安全。"

"红腕带？"

"红，超级红，记得呼叫三个以上保安一起来接。"

我放下电话，开始一系列的准备。像这样的病人转病区，为了路上安全，常常牺牲一点真实性，比如隔离区会告诉病人换个地方做检查，真的进来发现"不对劲"，病人就会大闹一场。

陈川被推进来的时候,并没有和我们剑拔弩张,我们准备好的一套流程都没用上。他甚至有点合作,双手被约束在床,面带微笑言辞恳切,问道:"请问哪位是领导?我有点小事拜托拜托。"

小李说:"你配合一下,等几分钟领导就来。"

"好好好,我一切配合,我是好市民。"

病 史 记 录				
姓名:陈川	性别:男		年龄:45岁	病史:15年
诊断	双相情感障碍,目前为无精神病性症状的躁狂发作。			
患者信息	3年前来本市工作并定居。			
病程记录	在外服药不规律,家属无法管理督促,已自行停药一年,再发情感高涨。 易激惹,整夜不眠打麻将,多次夜间骚扰邻居,砸门叫骂邻居。三日前殴打邻居家女主人,其丈夫阻止时被患者用水果刀捅进腹部,报警时患者家属不愿出面协调,说患者本来就有精神病,不犯法,向警察提供精神残疾证,直接转入精神病院治疗。			

我在护士站里看他的病程首诊记录,心情突然很差,再看

看这陈川,他正扭头四顾,注意到我的目光甚至还客气地笑了一下。

"完了,这病人不好治。"他的床位医生小王推了推眼镜,指着既往史给我看,她说,"你看,冠心病、糖尿病、高血压、骨折史。这样很难用药,需要缓慢加量,也没法 MECT 了。"

小李已经去宣教家属,回来说:"老大,家属不肯加我们公共微信,签好字,留了一个电话号码说先回家了。"

我刚回到一级病房,陈川马上凑近了盯着我的工作牌,表情有些夸张,语气过分热情,他问:"你是管我的护士?郁护士姐姐,你好!我叫陈川,我是个安分守己的好市民,你能放开我吗?放开我吧,你看我一动也不会动。"说话间,他的脚不停晃动,显得吊儿郎当。

"你放心,肯定会解开你,但不是现在,你毕竟刚来,我们对你不熟悉。约束有三天观察期,三天内你能情绪稳定,按要求治疗,医生会考虑。"我说。

陈川皮笑肉不笑地点点头,闭上眼睛说:"嗯,那你可以滚蛋了,换个管事的来。"

这时,小王医生推了个心电图机过来,她说:"陈川,你有冠心病史,我这边要先给你拉个心电图。"

陈川没动,安安静静地躺着。

"你配合一下,很快。"陈川还是没动,小王医生解开他的上衣,暴露胸部皮肤,"哗啦啦"地提起一大串导联线,正弯腰要给他接上。

突然，陈川猛地睁开眼，翻身坐起，电光石火间连踹小王医生的肚子，骂道："你这个臭××，谁叫你给老子拉心电图，老子还没死呢！"

小王医生捂住肚子，痛得蹲在地上，陈川又踹向心电图机，想踹倒机器砸小王。我扑上去抱着小王躲开，机器砸在我背上，小王躺在地上，手里还攥着导联线，不住发抖。

这简直是一个不定时炸弹！我的心跳如擂鼓一般，胸腔中有声呐喊呼之欲出——凭什么！凭什么打我们！

小王医生工作才一年，是个瘦瘦的清秀姑娘，此刻已经蒙了，一句话也说不出，也不知道痛了。护士长一把扯掉导联线，把她半扶半抱地带回办公室。护士和护工们早就一拥而入把陈川按紧，把陈川的双脚和肩膀都扣上约束带。

每个人都一言不发，每个人又都懂这种压抑。

陈川癫狂又得意地哈哈大笑，狂叫道："臭××！臭××！有本事放了我单挑！"

我冲到医生办公室，对老董说："打针，这人必须打针！他刚刚是临时起意，无法预测行动，这次打小王，下次又不知道打谁！"

老董脸色很差，小王就是他组里的医生，他心情也不好。他皱着眉头说："你以为我不想，他有冠心病史，没有心电图，谁敢给他开！"

"那我要上报持续约束，这病人的冲动行为已经是极高风险，我觉得他尤其仇视医护。"

"可以，我情愿在周会上做病例讨论。"老董郑重地说，"你还要在工作群里发公告预警。"

其实精神科病人很少有打医生的，床位医生掌握他的病情，联系着他的家属，有权评定他是否符合出院标准。陈川一点也不在乎，他这种蓄意伤医行为，透露着一种报复式的快感，他笑得如此猖狂。

有同事被打了，整个科室的氛围就像夏日雷雨前的烦闷，大家很少交谈，每个人都在默默咀嚼自己的情绪。我们实施人性化护理，要降低约束率，可是工作人员的安全呢？时时刻刻的防备也抵不过他的一念之间。于是，咀嚼完了咽下这口委屈，发现还是一地鸡毛，就用沉默盖一盖吧。

我心里有些内疚，觉得自己简直就是个傻傻的事后诸葛亮。我应该让小王医生再等几分钟，应该等我跟陈川再沟通几句，或许就能发现一丝端倪。然而，我现在只能做个事后诸葛亮。

"哈哈哈！"陈川肆无忌惮，他满不在乎，直呼我的名字，喊道，"我要抽烟，我带了香烟过来，我要求抽烟！马上抽烟！"

"我们是无烟病区。"

"天王老子给你的权力吗？你这个臭××又是哪根葱？敢阻止老子抽烟？"不能满足他的要求，陈川又叫骂起来，双手握着床栏开始"咣咣咣"地砸，狠狠地说，"老子吵死你吵死你！"

天地本宽，鄙者自隘。我第一次不想跟病人说话，他让我有种无语的感觉。但是精神病院也有一种倔强，就是非常想把病人治好，越是丧心病狂的病，越是挖空心思地治，尽快缩短病程，让他赶紧好了回家去。

"陈川，我觉得你可以歇会儿了，现在没人看了。"我提醒他。

陈川环顾四周，周围很安静，其他几个病人被他吵烦了，都坐在病房的另一角打牌。陈川又闭眼躺下，几分钟后他又提出要求："我要喝水，我现在就要喝水。"

"可以。"我起身去找他的水杯，发现不在床架上，又找了窗台、隔断台，都没有他的杯子。

"你的水杯带来没有？"

"在那边病房砸了。"

"那你等会儿，我给你找个一次性水杯。"

我去护士站接了水喂他喝，陈川咬着杯子先喝了一口，又灌了满满一口，嘴巴撑得鼓鼓的。我瞬间捕捉到他的意图，马上往他身后跨了一大步，陈川立刻将嘴里的水一口喷出。见我跑开又仰头重新瞄准，结果他忍不住笑，一半都喷在自己的脸上。

他满脸是水，狼狈不堪，被自己这一出逗得大笑起来，用污言秽语大声叫骂道："×××，你这个××，你跑得倒快，老子说现在就要喝水，你什么东西敢叫我等？！"

"我拿水杯需要时间。"我觉得自己的声音都压得变调了。

"你是什么人？如来佛祖玉皇大帝都不敢让老子等，老子就是九五之尊！"

我让意识伸出一双手，把情绪搓成一个圆球，扔得老远。我没理会陈川，陈川却不依不饶，不停地叫喊我的名字，满口下流话。

隔壁床位的病人听不下去了，对陈川喊道："你闭嘴吧！人家护士也是有父母的。"

陈川嘿嘿一笑，聚了口浓痰朝他吐了过去。

我怕他们打起来，连忙站起来阻止，约束病人不可被打，否则还是我的责任。我对陈川说："人与人之间的尊重是相互的，陈川，你是来治疗的。我们没必要彼此折磨，你如果不能自控，我们更加不敢解开你。"

"就是你们这些庸医谋财害命，老子绝不能叫你得逞！"陈川的表情丰富极了。我看到他双拳紧握，不住挣扎，床架都被带得晃动起来。

我感到极其无力，他存在多种基础疾病，精神科用药必须谨慎，医生们不敢加量，反是各种降压降糖降脂综合着来，想先把他的身体机能调整好。

老董说："这可能需要两周的时间，需要忍耐。"

护士们只能顶住，跟用胸膛堵枪眼差不多痛苦，大家轮番遭受着这种精神暴力，不断被陈川叫骂、吐痰、喷水……我要求其他工作人员用输液贴贴上自己的工作牌，提醒各位保护好自己的名字。第一次接触时对陈川不了解，被陈川知道了我的名字。我真的特别惨，他一直叫着我的名字骂，叫不出其他护士的名字时就叫我的名字代替，用词极为粗鄙下流，我家祖宗都要跳出来叫我辞职那种。

我活到这么大，认识陈川之前，从未想过人类的思维竟会如此荒谬无知，语言可以这般肮脏肤浅。我只要上班，就听着他的嘴里蹦出颠倒黑白、无聊透顶的词句，仿佛一群嗡嗡飞舞的毒蜂露着尖利的刺无孔不入地拥来。

"××，我要上厕所，我要撒尿。"陈川对我呼喝道。

"可以，我要跟你重申一次，每天解下来上厕所两次，去完立刻回来继续约束，同意再解。"我只能跟他讲条件。

陈川安静下来，他在思考，我简直能听见他大脑运转的声音，似乎有一丝危险的气息在我和他之间来回逡巡。

我相信自己的直觉，毫不犹豫地拨通安保部电话："喂，你好，我这里是×病区，麻烦你们派三个保安过来帮忙。"

平时叫得多了，保安队的小陈和我比较熟，他觉得这事情简直匪夷所思，他说："我在这医院干了三年了，第一次被叫过来陪着病人上厕所。"

"凡事都有第一次嘛，哈哈哈。"我和小陈站在厕所门口瞎聊，他的队友和小李站在坑位边上捏着鼻子等，已经不耐烦了。我抬手看了一眼手表，已经进去二十分钟了。

小李进去问陈川："你便秘吗？这么久？"

陈川懒洋洋的声音传出来："对呀，怎么老子便秘你也不准？"

"你真便秘？"

"真的，我还要蹲一个小时，便秘就是这样。"

"行，小爷一定得帮你治治。"说完，小李去医生办公室要了个开塞露的医嘱。三个保安一拥而上，把陈川从马桶上提起来，我们很快用医疗措施帮他解决了这一大难题。完事以后，四个男人又把陈川提回病床上再次约束起来。

临走的时候保安小陈擦了擦汗，连说："厉害厉害。"

不管陈川动了什么脑筋，显然没有成功。他更恨我了，骂我的调子升了级，编了曲，唱念做打，更上一层楼，唱得我家祖宗要跳出来扇我大耳刮子逼我辞职。

小李忍了半天，忍无可忍，对他说："唱得挺响，但是小爷听腻了。"

陈川扬扬得意，狂笑着说："妙啊，吵死你们，老子还要再骂三百年！"

小刘从护士站冲进来，说："老大，你还能听？我在外面都听不下去了！小李！走！"他俩血气方刚地把陈川的床轮锁一踢，拖着就出去了。

陈川不知道要去哪里，惊慌失措地大骂起来："带老子去哪里？你们这些×××！"

他俩把陈川拖进了隔离间，那里是专门隔离打架患者用的，防止患者或工作人员受到连续攻击。那个隔离间有个好处，就是非常隔音；坏处是得专门派一个护士去守着，精神科护士是稀缺资源，这么做浪费人力，所以我们也不常用。

我们隔着玻璃看陈川气愤地砸床栏，可是毕竟隔了一层玻璃，音量小了几个等级，我确实耳根清净，心情也不那么难受了。可陈川不满意了，他折腾了一会儿，像是没力气了，安静地躺着休息。

他真的在休息吗？我却觉得惴惴不安。

"老大,他应该累了吧?他不累,我都累了。"小李撑着额头说,"他骂你骂得这么难听,我受不了,我真想揍他,老大,你要是受不了你就请假,这破班不上了!"

"我把白大褂脱了再揍行不行?"小刘说,"不行的话我辞职一个小时再回来。"

这时陈川背对着我们,歪着身体埋着头,似乎在啃什么东西,他又想干吗?

"不好!"我马上推着他俩说,"快进去!陈川在吞纽扣!"

小李冲上去一把按住陈川的额头,我固定住他的下巴,看到他舌头滚动,嘴里有两颗病员服的纽扣,正要嚼碎!

小刘摸了所有口袋,慌道:"完了完了!今天周五,换干净工作服了,我没带压舌板!"

我飞速拔了他口袋里的三支笔,快速用口罩一卷,往陈川上下白齿之间一插,硬生生用笔把他嘴巴撑开。小刘又拔了支笔,把两颗纽扣挖了出来,其中一颗已经裂成两半,露出锋利的断角!

我舒了一口气,背上冷汗涔涔,说:"我今天也没带压舌板……这人太危险了,千万别再推隔离间里了,他花样太多,我还是忍着吧……"

小李和小刘十分沮丧,他们也是为了我好。我拍拍他们,心里已经很感激。

精神科一旦发现患者吞食异物,要立刻判断类型,想办法取出或者促排,取出以后还要"拼拼图",以保证异物完整离开患者体内。

小刘戴上手套,把两颗纽扣摆在桌上,裂开的一颗"拼图"是完整的,我拿出手机拍照"固定",又取了个密封袋封存。

小李拉着陈川的病员服,也拍了几张"固定",确认病员服上只少两颗扣子。如果缺三颗,那么完了,我们不但得趴地上找,还得带陈川去拍片,直到找到为止。

我们忙着纽扣的事情,一时间没人理陈川,他又不满意了,午饭的时候他开始绝食。

"呸!嗟来之食!"陈川喊道,"你这个××不配喂我吃饭!"

"不饿?不饿算了。"小李说。

陈川半张着嘴,准备好的下一句没机会发挥,小李已经端着餐盘出去了。

我们已经麻木了,劝不动病人,也不为难自己了,把情况直接汇报给床位医生。

"满足患者的合理要求!"小王医生说,"患者有权不饿。"我内心啧啧称赞,不愧是跟老董一组的医生,风格出奇地统一。

没想到陈川还真是条汉子,他绝食绝了一天一夜,还说不饿。这就大大不妥了,今天他失去了不饿的权利,他有糖尿病史。

"血糖4.8!"我汇报道。

"补液!"小王医生说。

我推着治疗车到他床边,劝道:"吃饭不?不吃只能挂水了,生命要紧啊。"陈川闭着眼不理我,我必须跟病人双向核对,他都不理我。没事,我们针对不说话的病人也有预案。

"小李,这个患者是几床,叫什么名字?"

"回老大,他是38床陈川。"

"38床陈川挂水。"

"好的。"小李替他回答。

陈川马上怒道:"你这个×××,你敢替九五之尊做主!""对!玉皇大帝刚刚告诉我的!"小李替我按着他胳膊。

陈川还在找词,我已经打完针了。他仰头看着莫菲氏滴管①里滴滴答答地开始补液救他的命,又不开心了。

"休息吧,休息吧。你糖尿病高血压冠心病,你消停一个小时成吗?"我想求他了,一边收拾压脉带一边说。

陈川突然勾着手指把输液管道一绕一拉,猛地把输液器拉下来,兴奋地喊道:"绝不叫庸医得逞!"

我的心情也随着那输液器"吧嗒"一声掉在地上,好累。

那天我们反复给陈川换了八个输液器,才把全部补液输完。他就像个顽固的碉堡,冷不丁地投出一弹,一击得中,他的情绪就纷纷炸开,要炸得周围一片焦土无人生还。

"××,我要撒尿!"陈川又开始呼喝我。

"可以,还是约法三章。"我说,拿起手机又要拨通安保部电话。

陈川见状,突然嘿嘿一笑,脱下自己的裤子,当着我的面,

---

① 莫菲氏滴管:一种医疗用具,是输液管中的重要组成部分。

毫无廉耻地就这么在病床上尿了起来!

"哈哈哈,哈哈哈!臭××,你看呀!你是不是喜欢看!"陈川开心地用双脚在自己的尿里拍击,拼命想把尿溅上我的工作服。

我的声音哽在喉咙里,我不由自主地捏紧了手机,听筒里不断传来安保部的询问:"喂!喂!你几病区?"我很想回应,却说不出话来。

不知大家有没有听过"垃圾人定律",就是说世界上有一种人就像个垃圾车,车里装满了仇恨、愤怒、挫败、焦虑,他拖着车到处倒垃圾,冷不丁地就倒在你身上。

人类的高级在于自控。以恶制恶不是正义,反而弘扬了恶,永远也不要与恶人比恶,因为恶无下限。远离,并且别被误伤。

精神科学到最后全是哲学。

我看着陈川坐在自己的尿液里,手舞足蹈,不由得想起日本导演小津安二郎说过,高兴的时候又唱又笑,悲伤的时候又哭又闹,这是动物园里的野猴子。他觉得可以恶心到我,殊不知我阅人无数,永远不要在精神科里撒泼,这只能证明他病得很重。

我看着他自导自演、自作自受的闹剧,实在是不想讲话。小周师傅看着病房,我去保管室去取新的病员服和三件套,还得给他洗澡啊。

几分钟后我就回来了,一看总裁正赤着膊背着手站在陈川床边,低头说着些什么,陈川对着老头吐了口痰。我吓得魂飞魄散,这老头又跑出来添乱!他为啥还赤膊!我冲上去大喊一声:"总裁,你干吗?这人会打人的!万一打到你!"

只见总裁用自己的病员服上衣盖着陈川的下半身,指着他骂道:"你不要脸,你太丑了,这能给小郁看见?"

他又回头拦着我说:"你别碰,你一个大姑娘你别碰,脏!丑!老头子给他换。"

"哎哟,总裁,你躺着吧!"

"我耳背,听不见。"

"……"我气沉丹田,喊道,"你躺着!我来换!"

我招呼小周师傅,小周师傅连拉带请地把总裁带回他的房间。

我吼完这几嗓子心情好多了,就像雷雨滂沱之后,剩下了一点氤氲的水汽。

"陈川,你要洗澡吗?别急,我先告诉你,你洗不洗我是无所谓的,还有两个小时我就下班了,可你还待在这尿里,我们的床垫都是防水的,一夜都不会干。"

陈川闹够了,妥协了,我还是叫了三个保安上来帮忙。来的还是小陈的三人小队,他觉得这事情简直匪夷所思,一看见我就说:"我在这医院三年了,第一次被叫上来陪病人洗澡。"

"哈哈哈。"我们都笑了。"每天都有新感觉。"我说。

就这样度过了十四天。陈川的血压血糖控制得仍然不好,他时不时就要爆炸,时不时就要绝食,要抽烟喝酒打麻将,要上天入地,做九五之尊。

小李反复跟他说:"玉皇大帝不同意。"

随着精神药物的缓慢加量,陈川的睡眠时间逐渐增多,有时候他骂骂咧咧地轰炸一个上午,下午能睡上一两个小时。他喷的是情绪深渊底下最黑的毒,他骂的话就像滴着黏稠脏臭液体的腐烂之手,要把眼见之人也拖入精神旋涡,卷得体无完肤。

我真觉得耳根清净是世界上最快乐的事情。

可是好景不长,我们又收了一个躁狂患者。由于那阵子住院的病人实在是多,做不到相对隔开,我们只好把新病人放在陈川的对面床位。

于是,我们最怕的情形出现了,躁狂病人隔空互骂。

"你这个××闭嘴,老子九五之尊,你是什么东西!"陈川被激得面红耳赤。

"神经病啊!我有一个外星人团队,随时灭你全家!"新病人也不甘示弱。

"放屁!"

"滚蛋!"

"……"

"我得戴耳塞上班!"小李在战火硝烟中努力对我说,"太吵了。"

"什么?耳嗨?什么鬼?"我朝他吼道。

"耳塞啊!"小李又努力了一次。

"什么？你说啥？我耳背，听不清！"我对小李说。

"吵什么吵！你们这些×××！"

"马上用最新科技灭了你，信不信？！"

"……"

不行了，一定要分开，哪怕推一个到隔离间去。

小李想了想还是决定推走陈川的床。

可是这次骂完人以后他不对劲了，他皱着眉头，显得相当烦躁，坐在床上不断抖动肢体，情绪也更加激惹。汗如雨下，这绝不是个夸张过的形容词。一会儿工夫，陈川的头发就全湿了，脖子里的汗不停地往下滚动，病员服好像可以拧出水。

他一边喘着气，一边还要和对面的病人大骂："给……给老子……"

刚骂了一个开头，他的面色就很快苍白灰暗起来，嘴唇变得和脸一个色，仅仅过了几秒钟，嘴唇又白了一度。

"陈川！陈川！你是胸闷喘不上气吗？"太吵了，我只得对他喊道。

"气……气死你……全家！"陈川颤抖着说。

简直了！我扶住他的上半身，又问道："好好回答我！胸背痛？手麻？脖子痛？有没有！"

陈川终于说不出话了，表情痛苦，浑身无力，几乎撑不住身体,低着头,豆大的汗珠纷纷滴在床单上,洇出乱七八糟的形状,一如他现在混沌不堪的状态。

他是有糖尿病史的冠心病患者,感觉神经受损,极有可能发生无痛性心绞痛!

"小李!叫医生!小周!推抢救车!他可能是心绞痛!"

小王医生冲进来看了一眼,马上说:"就这样,把他扶好了,给硝酸甘油一片舌下含服!"

"10点10分,硝酸甘油0.5毫克一片,舌下含服是吗?!"

"是!"

陈川却牙关紧咬,决绝得很,小李握着他的下巴,急急吼道:"张开!救你命啊!"

我掏出压舌板往他嘴里一插,他这次已经无力抵抗,被我挑起舌头扔进硝酸甘油,再用压舌板压住。

时间像是被无形之手拉长过,我不断看表,感觉煎熬了好久,陈川还是大汗淋漓,表情痛苦。

"5分钟过了?"

"过了。"

"再给!硝酸甘油0.5毫克舌下含服!"

"10点15分,硝酸甘油0.5毫克一片,舌下含服是吗?!"

"是!"

心电监护仪和除颤仪已经就位,发出机械的报警声,嘀嘀的声音让人头皮发紧。

好在两遍流程走过,陈川渐渐平复了。万幸,如果还不缓解,就是急性心梗了。

南丁格尔保佑。

小李把陈川推进抢救室去吸氧，进行严格的心电监护，经历这一场，他彻底安静了。不知为何，我这时候却很想哭，一旦撕开了这个口，就再也压抑不住了。我不想叫人看见，赶忙去卫生间锁好门。原来我没那么坚强啊，我到底咽不下这口委屈，委屈化成了眼泪，决堤一样地涌了出来。

别哭啊，不就是工作嘛。我对自己说，可就是忍不住，哭得更凶了。

陈川把情绪深渊底下最黑的毒撒完了，他的垃圾车也随着这场剧烈的心绞痛，灰飞烟灭。他开始进入乏力头晕的阶段，也使得医生们对精神药品的用量更加谨慎。

老董过来替小王医生拉了心电图，他给我讲 ST 段和 T 波，心绞痛缓解以后改变不明显，如果患者能配合做二十四小时动态心电图，就能捕捉到这种暂时性心肌缺血，做靶向治疗，预防急性心肌梗死。

"我们是精神科吧？"我学习完了问老董。

"我们是博大精深的精，化腐朽为神奇的神。"老董说。

我醍醐灌顶，深以为然。

有时候精神科就是神奇，有些患者经历过一场躯体大病的冲击，精神疾病就会缓解许多。

杨绛先生说，人除了生死，其他都是擦伤罢了。

可能冥冥之中，生命会自行达到一种平衡，坎坷起落，阴晴圆缺，人生即是定数，亦有无常。

其实到最后，陈川也没有给过我们好脸色，他始终觉得自己不该待在这种医院，他不做九五之尊也该超凡脱俗。他从未提起过发病期间烂糟的种种，仿佛早就习以为常，那是他人生的平常。但是他在态度上客气不少，不再故意刁难，也不再编曲子骂我，让我觉得上班的日子好过很多。

小李说他打算写一篇工作笔记，他发现精神科只能让人恢复本性，而素质的提高只能依赖社会实践。翻遍了精神病护理学，也没有教病人做人的一章。

"护士姐姐，那九五之尊还活着吗？"这个新病人就是小舟。

"没被你气死，放心。"

"我后来看到他头顶有两个旋，这说明他是个犟种，我错了，我不该教育他，他无法被教育。"小舟说。

"嗯，有道理，下次我也得观察观察病人头顶的旋。"

"这是书上说的，一定要多读书。你看我，我就听你的话。我其实不会随便发脾气，因为我没有收拾残局的能力，我的能力都用在外星人团队的组建上了。"

"很好，组建好了替我轰炸他。"

"一定一定。"

典型躁狂症的表现为：情感高涨，思维奔逸，意志行为增强。

在与躁狂患者接触时，切勿激惹挑衅患者，要以认真平和的语气沟通，允许其在安全范围内发散精力。出现情绪易激惹时，应警惕其伤人，尽早就医。

到处都有白色泡泡

"我这几天变得不一样了,我被你们治疗了以后很精神。所以你们这边是让人很精神的一个中心,还可以到处逛,不是精神病院。"

"喂？救助病区，你们还有床吗？待会儿转个病人。"

"有是有，可我们病房的人全新冠阳性了啊！"

"唉，新病人在外面本来就是阳的。"

"……"

2022年底，在疫情防控政策指导下，医院把所有医护人员分成两批，每批人员连续工作十四天，其间为保证人力，不得回家。

可实际情况远远超出我们的预期。我们病区人员配备比较少，领导打算车轮战，倒下一个再补上一个。当时整个病区的人集体发热，集体输液，其中有两名老年病人肺炎情况严重，需要吸氧。我们第二批只有三名护士，两名医生。在保证中夜班的情况下，一个人要干平时四五个人的活，穿得像个粽子，转得像个陀螺。

新来的病人叫宋辉，浑身又脏又臭，手里拖着一个蛇皮口袋，里面胡乱放着些生活用品。他的裤脚和鞋子上全是泥，我草草地给他换了病员服，把脏衣服脏鞋往蛇皮袋里一卷，对他说："出院全部还给你，实在太脏了，不能穿了。"

宋辉眼神警惕却也不置可否，没什么力气反驳，他那状态一看就是阳了。满脸通红，浑身乏力，走路像双腿灌铅似的，安全检查的时候，隔着防护服我都觉得他皮肤烫手。我们都没时间来回询问，直接安排宋辉进病房去休息。特殊时期，护士成了稀缺资源，我们仅剩的力量要留在病房管理和治疗操作上，病史留给医生采集，回头在他们的系统上抄抄作业就成。

"护士，我想喝水。"宋辉的刀片嗓发出难听的声音，他的嘴唇干得起皮了，不知道在外面流浪了多久。

我给他指了指饮水处，叫他去自取。可一会儿宋辉就回来找我了，他说："你们的水桶里有味道，喝不了。"

我立刻就觉得这病人是幻味了。当时我治疗车上还有十几袋补液要挂，实在是没有时间细细给他心理疏导，便叫过王大刚，让他在宋辉刚倒的水杯里喝了一口。

"王大刚，帮我告诉他，这水什么味？"

"没味啊，就水。"

宋辉将信将疑地又喝了一口，他马上吐了出来，说："你们合伙骗我，这水有白色泡泡的味道！"

"白色泡泡是什么？"我疑惑地问。

宋辉眼神警惕，不肯说了。

我叹了口气，面屏上现出一团白雾。想了想我还是去医生办公室给他接了杯饮水机里的纯净水,那是我们仅有的纯净水了。外面送水的师傅都阳了,这么宝贵的水喝了应该没问题了吧?

可宋辉还是觉得"味道不对",我给他换了三次。王大刚舍不得倒,替他干了三杯水。他还是不信,在护士站门口反复纠缠。

"别喝了吧,我没水了。"我的耐心用尽了,连续工作的压力让我整个人都烦躁起来,真的赶时间啊,我实在是没空理会那白色泡泡是什么东西。

就这样到了晚上发药的时候,由于没有符合要求的水,宋辉拒绝吃药。

"白色泡泡的味道?"我问道。

宋辉点了点头,我早有准备,我拿了一袋没开封的生理盐水递给他看,又问:"这个行不行?你读一读这标签,挂在人血管里的水总没有白色泡泡了吧?"

王大刚在边上帮腔:"0.9%氯化钠注射液,哎哟,这个无菌的吧。"

宋辉终于点点头,我剪开袋口给他倒在水杯里,他咕嘟咕嘟喝了一大半杯,想必是渴得很了。我把晚间的药递给他,给他说了这两粒药是调节情绪和睡眠的,宋辉刚把药丢进嘴里,马上又吐在手心里仔细观察,白色的药片在刚刚进嘴的瞬间溶化了一半,宋辉把鼻子凑近闻了闻,疑惑地问:"这个药不对劲,怎么化在嘴里?你们想怎么样?"

我的烦躁情绪瞬间又起来了,当时我已经连续工作了十个小时,本来发完晚间的药,我就可以脱掉防护服去休息了,我已经很煎熬。我刚要开口解释,告诉他这叫口崩片,宋辉却率先开口了。精神病人比常人更敏感,尽管面罩和口罩遮住了我的脸,他还是从缝隙里读懂了我的眼神。

"你不耐烦就走啊,这药我不吃,有毒。"宋辉嘴里呸了呸,把水杯往窗台上一放,回身把自己包裹在被子里,连脑袋也蒙住。我重新端起水杯一看,里面漂着丝丝缕缕的白色悬浮物,是他吐出来的醒志口崩片[①]药沫。

不吃拉倒!我恨恨地想。

准备离开时又看到一盘子珍贵的连花清瘟颗粒和布洛芬,我想我还是要劝他:"你还发烧呢,布洛芬总要吃的吧?"

宋辉在被子里露出半个头顶,只让声音飘出来:"我自己扛,你们的药都是假的,喝到嘴里全是白色泡泡,你想给我下毒药!"

"好好好,我要不先报警把自己抓起来再给你下毒,你知道现在外边布洛芬多难买吗?"

"假的!"

"这是布洛芬啊,退烧药,你不看新闻吗?你不吃我自己吃!"我觉得我的烦躁值升到顶点,穿破防护服轰然爆炸。话音

---

① 醒志口崩片:醒志也叫利培酮口崩片,其主要成分是利培酮。

刚落，那宋辉竟然拉下被角偷偷看我，他觉得我不敢吃？

姐现在就吃！我脑子一热，在满是新冠病毒的病房里拉下面罩口罩把那粒布洛芬给干咽了。

累了，一起发烧吧。我想。

随后我把药车脚刹一抬，转了个大弯回了护士站，药车要是有油门肯定就漂移了。短短二十米的走廊，我想了200次导弹轰炸的场面。

病 史 记 录			
姓名：宋辉	性别：男	年龄：28岁	病史：2年
诊断	急性而短暂的精神病性障碍。		
病程记录	12月某日下午，群众报警说患者在外面见人就发脾气，冲到路人面前砸东西，警察到场后发现患者沟通困难，言语混乱，疑其精神异常，联系救助站送至我院。入院后情绪激动，拒食拒药，认为食物药物"不对劲"，治疗欠配合。既往史不详，测体温39.5℃，核酸阳性，门诊肌注氟哌啶醇2小时后转入病房。		

我心里还是厌得很，马上去消毒，并且换了一套防护装备回到护士站。我一边腹诽着自己，一边看宋辉的病历。我不知道别的医护怎么想，反正同事都阳了，整个病房的病人也在接连高热。

可白色泡泡是什么呢？病史里根本都没提。

我想着第二天再去问问宋辉，可堆积如山的输液袋快把我给埋没了，来回奔走了一天还要回护士站写记录，也没空再去宋辉的病房"循循善诱"。没有时间相处就没有机会建立信任，他不会对护士袒露心声的，我感到有些遗憾，更觉得头疼，难道以后都得提供他生理盐水喝吗？

医护少了以后，每个人的工作量都极大，病人们是看在眼里的。所以时常有病人关心我，跑到护士站跟我聊天，或者直接说声"辛苦了，要好好休息"，王大刚就是其中之一。

我一边写记录，一边跟王大刚吐槽这个问题。王大刚自告奋勇地要去帮我与宋辉打好关系，从内部瓦解宋辉。我觉得这个方法靠谱，鼓励他瓦解成功以后找我领奖励。

谁知几分钟后王大刚就回来了，他双手做着搅水的动作，说："小郁，我知道了，宋辉说的白色泡泡，就是洗衣粉啊！"

洗衣粉？！

幻味，是指没有相应味觉刺激时能体会到饮食中有某种异常的特殊味道，常因此拒食，常与嗅幻觉同时出现，会继发被害妄想或者更加坚信自己受人迫害。

由于那天晚上宋辉吐出的药沫也呈白色泡泡的形状，幻味的同时再次加深了被害妄想，搞得他连饭也不肯吃了，用他的原话说是"这些饭都别有用心"。小佳护士只好从我的露营车里拿包装饼干和牛奶给他吃,一边给一边心疼。物资珍贵,真是吃一块少一块。

宋辉也许是感念那些食物,对护士们的态度好了很多,慢慢放松了警惕。

王大刚说:"宋辉偶尔愿意向我要喝过一口的水,觉得别人喝过的虽然有味道,但至少没有毒。"

我心甚慰,终于解决了水的难题,那会儿给被害妄想的病人买点瓶装水真的有点困难。

有天我再去宋辉的病房发药时,到处都找不到他的水杯。

"你杯子呢?"我甚至弯腰到床底下找。

宋辉用被子蒙着头不理我。王大刚睡他对面床,指着窗户说:"在窗台栏杆后面藏着呢。他又说水里有味。"

好家伙,宋辉的水杯隐蔽地卡在两根栏杆之间,不给个线索真的难找。

"大家喝的都是一个壶里倒的水,我难道还能给你整个鸳鸯壶吗?"我拍了拍宋辉,"起来吧,宋大郎,吃药了!"

"扑哧!"宋辉隔壁的病人忍不住了,一整个病房笑得输液杆都颤了。

宋辉那会儿还处于水泥鼻刀片嗓的阶段,估计是蒙住头笑得有点发闷,突然掀开被子忍着笑说:"怎么有你这种护士呢,就算你惹我笑,我也不会吃的。"

"晚餐没有吃?食堂送的饭还是不能吃吗?"

"也有白色泡泡的味道。"

"饿了也不吃?"

"不能吃。"

我不再纠结吃饭问题,看了看宋辉的输液杆,又问:"大郎,你为什么肯挂水呢?"

宋辉反而很疑惑,不可思议地说:"你怎么会不懂呢?你不是护士吗?因为挂的水是盐水,发烧就要挂盐水。"

这样啊!我瞬间理解了他的逻辑,商量着说:"你觉得药有洗衣粉味是不是?那不吃就不吃了,不能勉强你,但是住院就要挂水打针,给你改打针行不行?"

"打针行。"

同事们都阳了,只有王大刚在边上给我疯狂点赞。

我把情况汇报给宋辉的床位医生,把宋辉的口服药改成针剂,又拜托食堂尽量送一些有包装的食品过来。我们与宋辉商量,每次打针前都给他看一看安瓿瓶,当他的面抽药打针,宋辉一一接受了。

我以为这事情就这么告一段落,和其他病人一样,宋辉会逐渐好起来,找到家人,最后由救助站送回老家。

宋辉差不多阳康那天,他突然到护士站找我:"郁姐,我想给你说个事,你出来行不行?"

"怎么了?"

宋辉低声说:"我觉得你们这儿不是精神病院。我刚才到处走了走,发现你们这边和精神病院不一样。"

我诧异地环顾四周，护士站的玻璃门上还赫然贴着我们医院的名号，也低声问道："你是从哪里看出不是精神病院的？"

宋辉说："因为我这几天变得不一样了，我被你们治疗了以后很精神。所以你们这边是让人很精神的一个中心，还可以到处逛，不是精神病院。"

"有道理，住得开心吗？"

"开心。"

"我也挺开心。"

疫情过去以后，有天我偷闲在活动室里带薪发呆。宋辉又来找我，他不肯坐椅子，一走过来就像只哈士奇一样蹲我边上，低声说："郁姐姐，我跟你说一些事情，别人都不相信的事情。"

"你为什么觉得我会相信？"我觉得这份信任来得蹊跷，明明他刚入院那阵子我非常忙，脾气也不好。

"你会相信的，因为我的药你都敢吃。"

我被宋辉说得一愣，回忆起吞他布洛芬的那一幕，心中感慨万千，万万没想到一时冲动竟让宋辉种下了信任的种子，真是误打误撞啊，人生真是充满奇遇。

"你知道幻觉的吧？"宋辉说。

"知道。"

"我就有幻觉。我有时候会脑子涨，一着急，我们村主任大叔就会在我心里讲话，告诉我要发泄要大声吼出来。但是我会压抑的，莫名其妙吼出来就会被人当成神经病。"

"村主任大叔就说这些？还说别的吗？"

"说呀，说很多，不停地说。村主任大叔说我是栋梁之材，要把支付宝给我。可我不能要啊，我年轻有手有脚的，怎么能要支付宝呢，要了我也不会经营啊。"

"你还挺能经受考验。"我又问，"你能分得清幻听吗？为什么说是村主任大叔告诉你这些的？"

"能，就是我们村主任大叔的声音在我心里，我不知道为什么就确定是他。"宋辉想了想又说，"幻听也许是真的，我相信。"

我明白宋辉所说的相信。

对精神病患者来说，他们的幻觉体验很真实，哪怕自己也觉得匪夷所思。但是那种切身的体会让他们不得不相信，甚至与一个人的经历、学历都无关。

比如《寻亲》中的高栋，他最近总是要求我给他联系福建的救助站，说自己是福建人，他在襁褓中被抱走，他知道自己原来的名字叫卓宇。

我问他："你当时才几个月大，怎么确定的？"

高栋说："有一个渠道可以知道，但是说出来谁也不会相信，我没有权力，知道也没有用，所以不会告诉我。"

比如《风水博士》中写过的张博，他也是因为幻听，听见"道"的声音，继而去研究风水布局五行八卦之类的。

他说"真的"是指"存在"。

"你第一次发病是什么时候,有原因吗?"

宋辉的眼神忽然暗了下去,他说:"有的,说来话长。"

两年前,宋辉在当地搞装修队,他做这一行从学徒开始做起,已经干了十年。平时做活认真,一直有熟客介绍他生意,所以他日子过得很好。

宋辉盯着地面说:"我在村上有一栋房子,县里还有套小商品房,本来有两辆车,有一辆给我老婆买的。我还有两个女儿,大的十岁,小的五岁。"

宋辉常在装修工地上干活,有些房子离自己家远,有时还做周边城市的生意。回家少,回家晚,就出现了一些电视剧情节。

某天,宋辉发现他老婆出轨了。

"我那天没打招呼就回家了,回自己家还打什么招呼是吧?"宋辉自嘲一声,"我老婆的手机放桌上没锁屏,都是跟别人谈情说爱的内容。我看了当时脑子就嗡嗡的。"

"离婚了?"

"没,我老婆死活不肯离婚,她逃到外地去了。我知道在哪里,没去找。"宋辉搓了搓脸。

他万万没想到,十年的少年夫妻到有两个女儿,他年纪轻,有车有房也有钱,为什么她会出轨呢?真是百思不得其解。

剪不断,理还乱。

宋辉整整七天没有睡觉,发疯的那天自己似乎是无意识的。

宋辉觉得有车有房也没有用,恍惚间就把自己的车卖了,回去喝了酒大醉一场。第二天醒来,他莫名其妙拿了把电动车钥匙到地下车库去开汽车,他忘记已经卖车了。

"我那天也不知道自己在干什么,我就觉得有一辆车特别像我的车,但是怎么也开不了,太奇怪了。"

"我就在地下车库找我的车,一辆又一辆都开不了。"宋辉回忆说,"你知道气场吧,我觉得周围气场波动了,觉得有神秘组织在影响,一切都不对劲了,地库里别人看我的眼神都别有用心。"

宋辉又用了"别有用心"这个词。

他说不上来为什么,一切体验只存在于他的精神之中,似乎身体里有一团巨大而黑暗的物质在慢慢形成、变大、膨胀。这团物质之下还伴随着一个叫恐惧的恶魔,正在滋生出带刺的触手,狠狠摄住他的心脏!

不知道过去了多久,宋辉发现自己失去了对时间的感知。

"我不知道在那个地库待了多久,反正手机都没电了,我饿得两眼发花,腿肚子抽筋。"宋辉看着自己的手指说,突然站起来撩起上衣,露出精瘦的身体来给我看。

我吓了一跳,连忙闭眼,喝道:"你干吗?!非礼勿视啊!"

"不不不,别误会,我是要告诉你我以前不这样。我以前干体力活的,很壮的,我就是那段时间不吃饭瘦成了这个样子。"宋辉连忙又蹲下继续说。

后来渐渐身体里回荡起一个声音,宋辉不由得凝神仔细分辨。他觉得那个声音熟悉,这种熟悉给他以安全感,像一个语言筑起的音墙把黑暗物质阻隔在外。

宋辉觉得他得听这个声音的话,如果不听就没人能救他。

"当时这个声音命令你做什么?"(命令性听幻觉。)

"划车,发泄。"

那天宋辉第一次住精神病院。

当地群众报警称,有一男子在某小区地下车库用尖锐物品连续划数十辆汽车,行为异常,言语混乱,劝阻时该男子对群众破口大骂语无伦次,情绪激动砸车,后由警察送至精神病院治疗。

那天宋辉还失去了一套房,他被迫卖房去赔偿那几十辆他划坏砸坏的车。

再后来,宋辉得了精神病的事在当地出了名,他就再也不能从事装修的工作了。

为什么很多病人在医院的时候治疗得好好的,回家不久又再次发病呢?

我想起前几年我一个朋友的嫂子,叫阿月。她那次住院一共治疗了三个月,出院以后我朋友家还为她举办了一个小小的仪式,我看朋友圈里还发了开后备厢礼物的视频,真觉得她很幸福的。

但是去年春天的某个晚上,朋友的哥哥突然微信上找我,说实在是无能为力了,已经和阿月离婚。

我问他:"是不吃药又发病了吗?"他说:"是的,每天都备受语言折磨,而且没有办法再送她来医院治疗了。"

到处都有白色泡泡

阿月的母亲觉得她没病,不需要治疗,在出院后的第二年一直微信上要求阿月停药,做个"正常人"。停药发病以后由于丈母娘的干涉,朋友家也无法再次把她送医。

朋友的哥哥说他就是太痛苦了。

我说:"无须愧疚,每个人都必须在自身精神强大的基础上,才能拯救别人。"

于是我又问宋辉:"你回家以后吃药吗?"

"吃的,广州的精神病院给我配很多药,但是吃完了我没有再配药。我妈说好了就不要吃了,是药三分毒。"

我沉默了一会儿,这话我听很多家属说过,尤其是母亲,但是对于长辈的固执,至今也没发现什么好的解决办法。也许不单是精神科,整个医疗体系的科普都有很长的路要走,也许从我们这代人开始,今后的一代又一代会越来越好。

宋辉又说:"我挺怕的,有时候有一种想躲起来的感觉。我听见的声音别人听不见,只有我自己知道是真的。"

"村主任大叔一般什么时候跟你说话?"

"一直讲啊,他就在我这个位置。"宋辉指了指胸口处,说,"这个声音往上走,到头顶就出不去了,如果想让这个声音出去,就要按村主任大叔说的那样发泄,大声吼出来,我就好了。"

"如果不按他说的做呢?"

"我就头顶痛,我会怕,不知道怕什么,就是觉得周围不对劲。就像你那天给我吃药,你戴着面屏看不见脸,给我吃白色泡泡,我觉得你想毒死我。"宋辉又马上补充,"我后来发现你是好的，因为你敢吃那个药。"

我真是哭笑不得，又问："我跟你说话的同时，村主任大叔也在跟你说？"

宋辉按住胸口感受了一下，说："是的，但是我压抑他了。"

"你已经很不错了，很不容易。"我安慰道。

"嗯，我真的控制了。但我不确定哪天就控制不住了，我会很想死。"宋辉说得无比平静。

每次当病人和我说因为这个病很想死的时候，我都不知道该劝些什么。他处于疾病中，做了一些不被社会接受的事情，讲了很多荒诞的话。我们从大街上把他抓回来治疗，治好了，他清醒了，但是回过味来的时候又被痛苦淹没了。

我还是坚持告诉宋辉，不能随随便便就去死。人生本来是没有意义的，人生是被不同的体验赋予意义的，是经历下个似曾相识的事情的经验。这次以为挺不过去了，但是再坚持一次试试看，下次面对同样的问题时就知道怎么做，就不会这么痛苦了。这么一想，如果随便就死了，是有点不值。

宋辉听了没发表什么评论，只是问："下次我要是控制不住，你会救我的吧？"

我不愿哄他，诚实地告诉他："在医院里可以，出了院我就没办法了。所以你得趁这次机会，彻底治好。以后你就不用什么人来救，也不用怕。"

"好的。"宋辉觉得很对，他决定忍一忍洗衣粉的味道，他愿意吃药了。

临近过年,救助站在拼命送病人回老家,连他们科长来统计名单的时候都挂着两个黑眼圈。

宋辉也在那批名单之内。

不知是不是临近回家的焦虑,宋辉又发了一次病。上个中班我刚到科里,宋辉就堵着我说:"我有点发抖,但是正在控制。"

正是交接班的时间,小佳护士有些不好意思,对宋辉说:"怎么整个白班你都不和我讲,你早点讲我也可以给你处理的啊!"

宋辉讲不出话,抱着自己的胳膊渐渐发起抖来,连牙齿都在微微打架。小佳见状诧异道:"怎么说发抖就发抖了,也太快了吧。"

我想起和宋辉的约定,他应该是看到我上班了,觉得有救了,可以不那么用力控制了吧。

我问他:"村主任大叔又在命令你吗?"

"嗯,就在头里面,压抑不住了,我的头感觉要炸了,太吵了太吵了。"宋辉开始用力搓自己的太阳穴,突然手指头发力,像是要把自己的头硬生生扒开。

"别!"我赶紧抓住宋辉的手腕,好在他肯听我的话,没继续扒,任由我抓着。

宋辉哭了,边哭边说:"我控制了,我真控制了!"

"好的好的,保持住啊!现在就救你啊!"小佳连忙去汇报医生。

我们给宋辉吃了药,安排他回去睡会儿。宋辉不放心地问我:"郁护士,你几点下班?"

"十二点,你不睡着我不下班。"

宋辉扯了扯嘴角勉强笑了一下,抖着手拉过被子盖了起来。过了会儿他像刚来的时候那样蒙着头,想起我说过不许他蒙头睡觉,又颤抖着露出来。

"你放心,我就在你房间门口,控制不住就叫我,我马上进来。"我把护士站的椅子拖到他病房门口。

那夜宋辉感受到守护,睡得很沉。我知道他想要的很少,只是安全和安慰而已。

网瘾少年

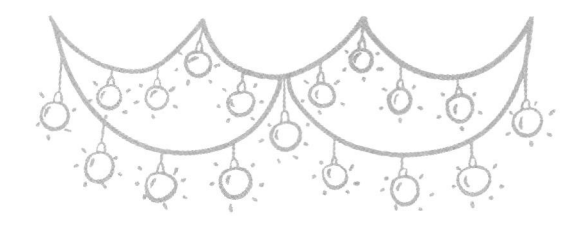

生活是一地鸡毛,上班反而是一种寄托。她不想停下了,一旦停下,邪恶的绝望就会趁虚而入。

我在精神病院种蘑菇

睡不着的深夜是很珍贵的，秒针匀速转动，时间却被无限拉长，思考和黑暗形成宏大的呼吸，让人敬畏。我想，有一天我的病人们都痊愈了，而我此刻记录下他们的思想、他们的故事，也算是接替他们，使得他们光怪陆离的精神世界有所存证。

好事坏事相互纠缠，过后谈起来都很罗曼蒂克。是的，就像木心先生说的那样。又有哲人说，人类的本性就是好逸恶劳的，因此努力勤奋才值得歌颂。当放肆积沙成塔，把自己镇在这塔下成囚时，人生的绝望就开始了。

我记得去年收过一个叫沈宸的年轻的病人，伴随着一个绝望的故事。

病 史 记 录			
姓名：沈宸	性别：男	年龄：18岁	病史：2年
诊断	精神分裂症。		

续表

病 史 记 录	
患者信息	16岁时因发病退学。
病程记录	在外渐起孤僻少语，懒散少动，闭门不出两年。疑人害己，妄闻人语，在家常因小事威胁殴打母亲。其母无法管理，将其送入院治疗。

沈宸来的时候光看他的轮廓就有点形容可怖。背深深地佝偻着，身上的T恤不知穿了多久，随着他的步伐散发出陈年恶臭，各种污渍重重叠叠，看不出衣服原本的颜色。我又看了看病历本上的年龄。没错，是十八岁。

"你叫沈宸是吗？"我问他，希望他抬头看我一眼。

沈宸没理我，依然用头顶对着我，这少年十七八岁就开始谢顶，露出大片头皮。

"我们要帮你换件衣服，穿干净的好不好？"我弯下腰想与他对视，他却缩得更深了。有些少年不愿意女护士在场，我便让小周师傅带他去安全检查室。

过了一会儿，小周师傅来叫我，说："新病人皮肤不太好，你得亲自去看看。"

有多不好？我在心里皱起眉头，安慰沈宸说："医生护士的眼里没有性别，没事的啊，不会对你怎么样的，你让我看一眼。"小周师傅拍拍少年的肩膀，好不容易哄得他脱去那身脏污的T恤，我们发现沈宸从面部到腰线布满了红肿的痤疮，完好无损的皮肤被挤得无处立足，几乎每个毛孔都透出白花花圆鼓鼓的脓头，转到胸前，还有一片触目惊心的烫伤疤痕，丑陋的皮肤无声地记录着一场惨剧。

我询问他这身皮肤的缘由，他低着头不想说，逃避地穿上病号服。等安全检查一结束，他马上就回到床上，用被子从头到脚紧紧裹着自己，仿佛回到了久违的壳里。

我忍受不了沈宸身上腐烂黏稠、像浓痰一样的气味，把他从被子里拉出来洗澡。

"啊！我不洗！"

那瞬间就像哈利·波特拔了曼德拉草，尖叫叠加气味开始双重魔法攻击。

"那可不行，我刚铺的干净床！"我也不让他，保持患者个人卫生是精神科的重要工作，我给他选择，"要么跟师傅洗澡，要么站着。"

沈宸太渴望躲进那层壳里了，他"屈服"，愿意去洗澡。可小周师傅有些犯难了，偷偷对我说："郁护士，你有沐浴球吗？不然哪里下得了手，洗破了咋整？"

"不用你帮忙，先让他在喷头下冲二十分钟祛祛味，我看到他妈妈送来的日用品里有硫黄皂。十八岁的小伙子，他可以的，让他自己洗。"我大声对小周师傅说，让沈宸也听见。

安排好病人，我出去给家属宣教。沈宸的妈妈刚送走了几个帮忙的亲友，双肩耷拉着，给人一种松了口气似的的解脱之感。

"你好，沈宸妈妈。"我叫她。

"哎！护士！"她转过身来对我一点头，她的气质和沈宸一点也不同，这是位里外都透出点干练的中年女性。

"朋友都送走了？"

"朋友？"

"刚刚那几位不是？"我看那几位和沈宸妈妈聊得熟络，还以为是亲朋好友呢。

"啊！不是不是，那些人是我出钱雇的保安！我一个女人哪里弄得动他！他不敢打别人就打我！"沈宸妈妈和我说，她儿子打了她好几次，后来她要和沈宸谈条件的时候就雇几个保安跟着防止被打，雇几次就熟悉了。

我想她肯定是对自己的儿子没辙了。

"护士，我可以走了吧？我还要上班呢。"沈宸妈妈说着，拎起了放在椅子上的包，她很喜欢上班，上班可以不用面对沈宸。

"稍等一下，医生还要了解一下情况，先和我简单说说吧。"

"行吧，那长话短说，我还要上班的。"

沈宸妈妈说，沈宸自小就内向、倔强。由于养育上的分歧，她和沈宸的父亲十年前就离婚了。到了青春期，沈宸的这种性格开始变本加厉，内向的部分趋向沉默寡言，倔强的部分逐渐偏执冲动。这些不断对撞的青春期情绪，让沈宸沉迷于网络游戏。一开始还有些节制，渐渐发展成半夜偷偷起床打游戏，最后也不在乎家长和老师说什么了,沈宸开始整夜不睡觉上网,白天不上课在家睡觉。沈宸的妈妈很崩溃,每天都要苦口婆心好几次,可沈宸根本不听劝,很快就迎来了一次极端的暴力对抗。

那天,沈宸的妈妈把家里的网络给断了,把沈宸的手机也停机了。

沈宸疯狂地推搡母亲,顺手砸了一桌子的东西,指着母亲说:"再逼我,我就去死!"

他没有留给他妈妈思考的时间,极端情绪之下拎起沸腾的热水壶,当着母亲的面,将滚烫的开水当头浇下!开水一路肆虐,立刻在年轻的躯体上炸出巨大的水泡!

"他一声也没吭,烫完了自己用血红的眼睛盯着我。"沈宸的妈妈说,"我那时候就知道,我这辈子完蛋了。"

治疗烫伤的时间痛苦又漫长,沈宸无所谓似的躺了很久。烫伤的疤痕无法消除,他彻底不上学了。开水冲走了他年轻的容颜,他的学校同学,他的将来。

唯一还在的就只有网络。

"我绝望了,烫成那样居然还要继续上网。"沈宸的妈妈说,"我也害怕他再搞自残,我一点办法也没有。"

不用上学了,十六岁也没到工作的年龄,沈宸开始肆无忌惮地在家上网玩游戏。他不需要读书,网络上亿万信息翻滚着输出,鼠标一点就来;他也不需要出门,手机一点网购到家,外卖 APP 上什么没有啊。

但是他需要钱,游戏需要充值,短视频需要打赏,网购外卖哪个不需要钱？他知道家里没钱，所以每天只跟母亲讨要一百块钱，他觉得不多啊。

不给？可以吗？

"看见我这身疤了吗？！都是你逼我的！"沈宸的妈妈学着那种口气说，不由得闭上了双眼，又道，"我不敢看，我只能给他。"

于是，这位母亲开始一天做两份工作，白天在超市正常上班，晚上去工厂踩缝纫机六个小时。这样打两份工，才够两个人的日常消费。

沈宸的房间她不能进，进去就被恶语相向，进去打扫卫生也不行。时间缓缓前进，就这样过了一年，沈宸积攒了一屋子形形色色的垃圾，他索性不洗澡也不换衣服，任凭肮脏的细菌种植在每个毛孔里。

第二年的夏天，天气炎热，家中的垃圾都腐败了，沈宸的妈妈无法忍受家里散发的恶臭，硬着头皮报警求助。邻居都出来看热闹，她已经不要脸面了，民警、社工和物业上门帮她看着沈宸，维持秩序，她花钱请了几个保洁人员铲走了家里的垃圾场。

"一年多了啊，护士，我在家终于可以正常呼吸了，我不明白沈宸怎么能躺在垃圾堆里一年多。我想不通，我也害怕他，绝望了。"

来来往往的人中，她望向瑟缩在角落里的儿子，突然瞪大了双眼，心脏像被恶魔之手一把攥紧，她的儿子竟然在阴暗处捂着嘴巴偷偷笑！沈宸这个与周围环境严重不协调的神情，在她的深渊中又砸出一个大洞。

原来，绝望之下还有绝望。

网瘾是病吗？沈宸是先得了精神分裂症，还是先有了网瘾呢？

我无从得知沈宸在成长的过程中，有没有得到合理的教养，他真正的需求有没有被忙碌的母亲看见。我只看见沈宸被送进精神病院的那一刻，那一刻已经是一段故事的结局。

人与人之间就是这样的，很少有人愿意花时间知道你的跌宕起伏、起承转合，只在看见的瞬间即决定了印象。一切的起因也无从说起，他的人生在十六岁时的某天被几个瞬间决定，往后余生都变成了这些瞬间的延续和见证。

我感受着沈宸母亲放射到全身的心绞痛，颇有些感慨，苍白的安慰也说不出口。

反倒是她淡定地与我说再见，她要回去上班了。她拎起包走到电梯口又回头强调了一遍："护士，沈宸需要什么东西就给我发微信啊，别打电话，我要上班了，我上班不能接电话。"

也是啊，生活是一地鸡毛，上班反而是一种寄托。她不想停下了，一旦停下，邪恶的绝望就会乘虚而入。

某种意义上来说，有些患者的家属是勇往直前的一群人，不考虑自己的安危苦乐。跋涉泥泞来到这里，我们就得提供一个归宿，这就是人道主义的使命和责任吧。

于是，我想转身对着沈宸当头痛骂：父母对你的爱可以是无条件的，但绝对不是没原则的！一个少年人，一旦做出野蛮的举动，生物性中的恶便会倾泻而出，把自己也冲得体无完肤。

可不是嘛，你现在不就是体无完肤！

真的回头面对沈宸时，看着洗完澡又裹在被子里作茧自缚的他，我又无话可说。他都病成这样了，我又有什么资格批判别人的生活呢？我毫无立场。

我再次把沈宸从被子里扒拉出来的时候，他对我怒目而视，一身陈旧到半透明的T恤晃荡着罩在身上，洗澡时搓破了不少痤疮脓包，衣服上渗得星星点点。

"白天不许睡。"我听完他妈妈的讲述，心里五味杂陈。我太想救救他了，我的声音就像个毫无感情的机器人。

沈宸嗤笑一声，生硬地问道："你算哪根葱？"

"我确实不算哪根葱，我只是关系到你能不能出院的那根葱。"我对他说，"骂我的多了，这病房里住过的每个人都骂过我，成百上千的真的不缺你一个。"

话音刚落，沈宸熟练地拉起被子躺下，同时翻身向床里一卷，只露出一个半秃的头顶，表达了无言的恨意。可能这两年他的生活除了上网也就是睡觉，他的社会性已经退缩了，情感开始扁平化，对话沟通已经自然屏蔽了。

于是，我一把抽掉他的枕头，两手抄起被子用力一甩，小周师傅天衣无缝地接住，用力扔到隔壁房间。沈宸被这波操作惊呆了，蜷在空无一物的床上，愣愣地看着我。

我一字一句地对他说："怎么了？这被子枕头都是我家的，我说不给你，那就不给你啊。"

他似乎失去了屏障就无法安然入睡，经过了漫长的思考，也察觉到了精神科护士的强悍,终究缓缓坐了起来。

对沈宸来说,服药做治疗做康复都不是很难,但是逼一个长期不在乎肮脏的人洗干净是很难的。有次洗澡日,沈宸躲躲闪闪地妄图溜走,而我正在重点关注他,怎么可能让他溜走?我一把薅住他,喝问道:"手里是什么?你为什么不换内裤?!"

沈宸扯着自己半透明的T恤说:"不脏,不换。我之前在家一条内裤正反两面换着穿一个月。"

"你不如穿皇帝的新衣,这辈子也不用换了?"路过的小李听得额头青筋直跳,押着他送进洗澡间又洗了一次。

他的皮肤病我们安排过会诊,就是长期肮脏导致的,督促他洗澡洗衣服成了最重要的日常。

沈宸真的特别懒,他还会逃避洗衣服。每次洗完澡,我都要检查他的脸盆,看看衣服洗得干不干净。沈宸觉得烦,他就偷偷把脏衣服穿在干净衣服里面,给我检查的时候就说洗了,已经晾好了。我对他还是有信任的,被骗了好几次。

直到几周后的一次洗澡,小李从洗澡间出来,一头雾水地问我:"老大,你为什么给沈宸穿四件脏T恤?他冷吗?"

"怎么会?这都五月了。"

小李把沈宸从洗澡间里带出来,一件一件掀起来给我看,沈宸偏过头不想看我,烦躁地皱着眉头。我明白了,我对他过度信任了,现在恍然大悟:"行了,没什么好说的,待会儿四件衣服一起洗呗。对了,你床垫底下还有三双脏袜子、三条脏内裤,全部都要洗,连毛巾也要搓一遍。"

那天沈宸被迫洗了三盆衣物,洗得不好还被我要求返工,最后洗得他手指都发皱了。我估计他这辈子第一次洗这么多衣服,洗得怕了,后来他再也不敢藏脏衣服了。

沈宸是有幻听的,他之前从没说过,或者是他自己也分辨不清。

有天中午他用那件看不出原色的半透明T恤捂着脸,平躺在床上一动不动。我觉得蛮奇怪的,沈宸不是一向蜷缩着睡觉吗?我巡视了一圈回来叫他拿下来,他半晌没动,身体微微发抖。我哄了哄他,轻轻拉下那件衣服,他马上用胳膊挡住脸,泪水突然就捂不住了,纷纷从他的眼角滑进耳朵里。

"怎么回事?怎么哭了呀?"

"有声音在刺激大脑,我头疼。"他的声音也发着抖。

"之前怎么不说呢?"

"因为你们讨厌我啊!"沈宸哽咽着把这句话说完,"我也犯不着因为这点事招惹你们!"

我万万没想到会给病人这种体会,或许平时对他太过严厉了?我反思了一会儿对他说:"是你觉得我们讨厌你而已,我们可从没这样想过。我对你严厉那是因为你年纪小,我想你早点出院啊,你要尽快恢复正常的日子,你还想在精神病院住多久?"

沈宸没回答我,任凭泪水沾湿了病员服的袖子。我也没有多说什么，少年不需要讲太多道理，我只需要直白地告诉他，他会懂的。我无声地陪了他一会儿，汇报医生给他加了药。

沈宸一个人太久了，他想销声匿迹，最终也无人问津。

他说他就是个透明人，没有人看得见他，难不难受又有什么关系呢？我说当然有关系了，我看见了，我要管啊。

我强行把他加入幻听干预小组，有一项活动是可以在幻听严重时向护士要求使用音频设备，挑选自己喜欢的音乐听二十分钟。沈宸很喜欢这个项目，他说他在家也喜欢听音乐的，听了喜欢的歌甚至觉得幻听发生时头也不那么痛了。

他应该最喜欢 Pieces，归还设备的时候我发现这首歌常被他设置成单曲循环。有这么好听吗？直到有次我也戴上耳机听了，突然就有点理解沈宸。他也是努力过的吧，只是记忆中已经找不到这块闪光的碎片。

次年二月，沈宸的母亲说月底想带他出院。那段时间沈宸明显话多了起来，眼神也明亮起来。他担心复发，经常找我询问各种精神分裂症的症状，出现这些情况应该怎么应对，一个人可不可以来医院配药，等等。我给他一一回答，还给他写了一堆电话号码，病区的，门诊的，导医台的，心理咨询热线的……

"不明白的时候就打电话问。"我嘱咐道。

"嗯。"沈宸反复看那张写满号码的纸，像是立刻要背下来似的。

那一刻，我觉得他已经在记忆深处挖到了那块闪光的碎片。

可惜元宵节那天，本市的疫情严重起来，沈宸的母亲没能来接他。之后的每次微信联系，她都以疫情为由，没有再提接沈宸出院的事。

我害怕沈宸又退回他的壳里，总是旁敲侧击地询问他的各种感受。沈宸已经熟悉了我的套路，抑或想让我放心，总是说："挺好，住得习惯了，没有再幻听。"

六月初，我被调入救助病区的前几天，沈宸特地来找我问："你真要走了吗？你走了我还能听歌吗？"

我肯定地点点头。

Pieces

I tried to be perfect

我努力追求完美

But nothing was worth it

却遭人唾弃

I don't believe it makes me real

这难以置信的现实

I'd thought it'd be easy

我曾以为这轻而易举

But no one believes me

却没人相信

I meant all the things that I said
我所说的都是认真的
If you believe it's in my soul
如果你还相信我灵魂深处的存在
I'd say all the words that I know
我会向你坦承一切
Just to see if it would show
你会看到它真实地颤动
That I'm trying to let you know
但我还是想让你懂
That I'm better off on my own
或许我会走自己的路
This place is so empty
我的世界如此空虚
My thoughts are so tempting
我的想法是如此诱人
I don't know how it got so bad
我不懂为什么会变成这样
Sometimes it's so crazy that nothing can save me
有时它会疯狂得甚至无法拯救
But it's the only thing that I have
但这已是我的所有
If you believe it's in my soul

如果你还相信我灵魂深处的存在

I'd say all the words that I know

我会向你坦承一切

Just to see if it would show

你会看到它真实的颤动

That I'm trying to let you know

但我还是想让你懂

That I'm better off on my own

或许我会走自己的路

爱情避难所

人不会爱上和自己毫不相干的人,一见钟情是对方达到了当时你对亲密关系的心理预期,这个预期是在自我探索之后,冥冥之中存在于意识里的。

爱情是人生的必修课，在精神科也是绕不开的话题。

我想起来几年前在楼上病区遇到的一个病人，他两年里住院了三四次，住得多了就熟悉了，我常跟他开玩笑说："你没病，你是来避难的。"

病史记录	
姓名：沈希　　性别：男　　年龄：33岁　　病史：/	
诊断	双相情感障碍混合发作。
患者信息	学历：博士毕业。 工作单位：本市某区管委会。
病程记录	病人主诉是冲动伤人毁物伴随情绪低落，眠差三天，主动要求住院治疗。

我又翻了翻医生的问诊记录，不存在幻觉妄想等精神症状，工作经历顺风顺水，家庭结构完整，社会关系也无异常。

我看完病史资料，再抬头看看沈希，看似完美的人生也有阳光照不到的角落吗？

"你好。"沈希朝我点头,看不出什么情绪。可能是主动入院的原因,我们这种吵吵嚷嚷的环境他多看了几圈就迅速适应了,自己找到床位,安排了自己的生活用品。

"沈希,你好,我姓郁,有什么问题都可以找我。"我把工作证举给他看了一眼,又道,"你现在有没有哪里不舒服?"

沈希嘴角一勾,嘲讽般说道:"没什么,心情不好,在家睡不着,所以过来睡觉啊,你们这里不就是吃药睡觉嘛。"

"……"

呃……似乎没毛病,好像的确如此。我以为病人住院总归是不愉快的,准备了一点安慰性的聊天话题,这会儿对着沈希感觉发挥不出来了。

沈希看出我的尴尬,又补充道:"怎么了,我就是冲动了,人都有情绪绷不住的时候。我心里不爽就砸了我家厨房,锅碗瓢盆全给它砸光光,砸完就爽了。我老婆问我是不是有病,我也觉得自己有病,有病就来住院呗。"

这是我第一次跟沈希说话的场景。当时他躺在病床上,双手枕着脑袋,等待我回答的时候颇有礼貌,给了一个注视。我看到他的眼球布满血丝,眼眶下青黑一片,说不了多久就疲惫地闭上双眼。

他真的很累了,他的情绪天平正往抑郁的一端倾斜。

沈希就这么住下,对我们有问必答,也配合治疗。当时他隔壁床位也住了个症状蛮严重的精神分裂症病人,脑子里有幻听,脸红脖子粗地一天到晚骂人,言语污秽得很。我一度觉得这些言语污染到沈希了,想给他换个床。

沈希却合上书对我一笑,说这才是住精神病院的感觉嘛。

很快,三天观察期过去了,我安排沈希去二级病房,可以在活动室到处走动,也有些康复项目可以参加。沈希没什么兴趣,他唯一的要求就是借点书看打发时间。我打电话给他老婆,她一次性送来了七八本书,我检查的时候发现他阅读的涉猎范围挺广,有他的英文专业书,有诗词鉴赏,有大作家的散文集,还有东野圭吾的小说。有几本我也没看过,就问他借回去看,沈希每次都大方得很。

直到有次我中班,他突然到护士站找我,主动推荐我看《恋爱的贡多拉》。

沈希把书给我的时候,我内心其实有点抗拒。我早就听过这本书,《恋爱的贡多拉》是东野圭吾豆瓣评分蛮低的一本,之前看过书评觉得人物关系太复杂,看着累。

沈希却强烈推荐我说:"你拿回去看,看完了聊聊嘛。"

"那好吧,我尽快看完。"我看着沈希认真的表情,还是郑重地接了过来,表示我回家会好好读一遍,心里却想着这书里莫非有什么玄机?藏了沈希的故事线索,需要我读一读来个铺垫?

《恋爱的贡多拉》这本书人物关系错综复杂,我读完好不容易总结出了一个大概:男主的情人一是他女友的高中同学,情人二是他女友的高中同学的同事,一个谎言套另一个谎言,几个事件都是相互影响的。被戳穿后再去诽谤抹黑一个无辜的人,男主和容忍对象反复出轨的奇葩女友却好好地维持着关系。我读到最后也没明白东野圭吾想表达什么，想来自己对人性的认识还不够深刻。

两天后的中午，沈希又来护士站找我，我把书还给他，直言道："这就是几个巧合串起来的渣男和奇葩女的故事，可能是为了告诉人们恋爱中的谎言终究会被拆穿，而拆穿会付出代价，其他真没看出来，这不是我常看的类型，读着伤脑筋呢。"说实话我不建议病人读这么复杂的书，比书中人际关系更复杂的是东野圭吾的叙事手法，我读的时候还在纸上分析了一会儿才明白。

但是博士的智商不能低估，沈希眼神一亮，点点头说："那你看懂了嘛，就是这样。那我们讨论讨论，你觉得渣男该死吗？"

我被他毫无遮拦的问题吓了一跳，不由得去判断他的眼神，他是指道德层面上的社会性死亡还是指生命意义上的死亡啊？

"该死，应该让他社会性死亡，别害人了。"我斟酌着回答。

沈希点点头说："没错。我也这样想，可人活着总要有些体面的，对方的社会性死亡可能会波及自己的生活，这就是代价，我认为不值得。你知道吗？前段时间我睡不着的时候就在大脑里编造这些渣男渣女，再把他们都杀光，缓解一下焦虑，这种终极暴力的思维是精神病的想法吗？我就是发病了吧？"

沈希讲得没头没尾，我却隐约抓住点头绪：他也遇到了出轨事件，如《恋爱的贡多拉》一书中所写，三个人因为巧合坐上一条船了。按他的描述，沈希应该没有当场拆穿，面上还是好的。

我不想回答他那些带有刻板印象的问题，反问道："现实解决不了吗？你这样做最终图什么？"

"直说嘛，你猜到问题所在了。"沈希摇摇头，又自嘲地一笑，说，"一开始我恨死了，我想报复那女人，我还想了好几个计划，每个计划都叫她不得翻身。真正准备做的时候，我的道德底线又不允许，再说她和我之间还有无数人际关系和利益关系，我不能干釜底抽薪的事情，这么一想我发现自己在疯的状态下竟然很有良心。"

我点点头，示意他继续说，沈希道："我想告诉我父母，当初看错了人，又怕二老伤心，毕竟那女人对我父母还算可以。我有女儿的，离婚简单，协议一下民政局一下，但我女儿凭什么不能有完整的原生家庭？那女人家里很有钱，太有钱了的那种，离婚正好合了她的意。她离了婚肯定潇洒出国，跟那男的双宿双飞。我权衡了一下，我还是对她有感情，我也不想我女儿失去母亲的，所以我现在就成了容忍她的奇葩男。"

我当时真是后悔用了"奇葩"那两个字。这种事情对男人来说难以启齿，沈希那些无处宣泄的愤恨在情感的砥石上磋磨出锋利的刀刃，在五脏六腑上戳出了好多坑坑洼洼的洞。

"那女人就跟这本小说里的渣男差不多，真匪夷所思，对不对，果然艺术来源于生活。"沈希拍了拍小说的封面，道，"你用专业的眼光看看我，我是不是真疯了？我买这本书是为了研究借鉴一下。"

沈希说得轻松，好像他真把这事当成人生的一个课题，研究别人的故事，体验住精神病院的感觉，试图抛弃道德底线，做一做疯狂的情感实验。哪儿有那么容易呢？我用专业的眼光看看沈希，他的心里正涌起大片的悲伤，像是涨水的河，无处发泄，只能从他五脏六腑的洞里汹涌而出。

"真不甘心啊。"沈希说。

之后，沈希再没提过他的婚姻问题，倾诉之后他变得更平静了，他的大坝又渐渐筑起，只是不知道何时再次决堤。

我很少和高学历的患者讲大道理，他们都懂，甚至在认知上比一般人更清醒。那次沈希住了没多久，情绪和睡眠调整得差不多就出院了。

我帮他收拾日用品，劝他道："沈博士，实在撑不了就应该好聚好散，犯不着把自己折磨成这样，想想女儿，精神病院这种地方还是别住了吧。"若沈希回家之后还面对同样的家庭环境和人际关系，很容易再次卷入情绪风暴中。

沈希很有礼貌地对我笑笑说："谢谢关心，这可说不准。"

果然，半年之后，沈希又来了。

这次是他妈妈送入院的，说是沈希抑郁了，不出门不工作，最近也不怎么吃饭。他老婆上个月另买了一套房子，彻底跟他分居了。

无巧不成书，沈希再来还是睡原先的床位，双手枕头的姿势也一模一样，唯一的区别就是他和我熟，见面就叫我："小郁，我又来了。"

"你回精神病院怎么跟回家似的？"

"哈哈哈，就是，我来避难呀。"

沈希看起来比半年前更疲惫，面容看起来有些浮肿，身体倒是瘦的，人也邋遢。住院后他倒不像他妈妈说的那样懒散，而是走了另一个极端，变得痞气，变得话多，变得忙碌，喜欢找病友打牌掰手腕，喜欢插科打诨逗小护士。

在精神科干久了，莫名其妙就多了点感应和直觉，沈希开始往躁狂相转换，对特别聪明的患者来说，这不是好现象，他会精力旺盛，会意志增强，会别出心裁。

当时我们病房有个小伙子，十六岁，患了青少年情绪障碍。小伙子在学校搞帮派欺凌同学，在家玩游戏，打爷爷。他爸说非要治治好，放话说在精神病院住三个月才会接他出去。十几岁的少年无法接受，他就像个时刻处于攻击状态的刺猬，恨我们每个人，觉得是我们关着他。每周患者打电话给家属的时候，小伙子都要闹上一闹，搞得人仰马翻。护士们实在是头疼不已。

不知怎的，沈希开始关注他，主动去安抚他，还时常给他讲一讲道理，去哪儿都带着他。渐渐地，小伙子收起了他的刺。有几次中班，我竟看到这小伙子跟着沈希在活动室看书，难道沈希在感化他？

"你最近怎么总带着这小伙子？"

"我看他出不了院，可怜。他动不动就要骂人，你们也可怜嘛。"

"沈博士，你可别带坏小孩啊。"

"哪儿能嘛,再说还能坏到哪里去?"

沈希笑了笑,眼神却没有看向我。我没说什么,十年的工作经验已经给我带来一种职业性的敏锐,我能感受到他那腔无处发泄的孤绝。他能对护士说的都说完了,不再对我吐露更多想法,他冷静的外表下有滚滚岩浆,他想做什么呢?

几天后又到患者们打电话的日子,我们紧张兮兮地看着那小伙子,生怕他再闹起来。

"爸!我告诉你,我刚刚吞了一个刀片!你管不管我?!我告诉你,我活着也没意思!不出院就立刻死,再见。"小伙子吼完迅速挂掉电话,没听他爸的回答。我徒儿小李听得快炸毛了,一把薅住他,问:"你瞎说什么!哪儿来的刀片!"

"真吞了,你带我去拍片啊,我爸不接我回家我就死。"小伙子无所谓地说道,他口腔里没有血迹,讲话也很正常。我观察着他的表情,我觉得他这份冷静不符合他原本的性格,打电话前后的表现是两种不同的画风。

小李刚把他带回一级病房,医生办公室的电话就响了,一定是这小伙子的爸爸打的。我听见主任在解释,床位医生在开医嘱处理,主班护士已经在约影像科。

我们安排他去拍片,路上我问他:"不是刀片吧?"

小伙子抬头看着我不讲话,眼神不太镇定,沉默真不像他的风格。

影像科的小王说他胃内还真有个异物,但不确定是什么性质。

"是刀片!"小伙子这时一口咬定。

回到病房，他父母都到场了，主任和护士长都在当面沟通。我们与他父母打了个照面，小伙子没吵没闹，径直进了病房，这种状态真不可能是刀片的。护士长不放心，不管是什么异物，都要接他去外院取出来。

临走时他爸反复和主任说，取出来晚上会回来住院，一定要回来住院。

送走病人和家属以后，我和小李说："他绝不会回来了。"

"不一定吧，他爸这么肯定，感觉在家已经没办法了。"

那天直到下班他都没回来，过了两天也没回来，就真的出院了。

"是沈希教的。"我几乎可以肯定。

主任去问沈希，沈希倒好，大大方方地承认了。

沈希说："我是助人为乐啊，我正义感'爆棚'了。这小伙子才十六岁，谁的十六岁不叛逆？他就应该由家长去引导，家长的责任为什么推到精神病院？家长不该用住精神病院的方式惩罚他。我救了他！"

"你知道他在外面做了什么吗？"

"不管他做了什么。"

"你教他吞了什么东西？"

"病号服的纽扣。没事的，我叫他回去多吃点韭菜，明天就能拉出来了，哈哈哈。"

"你觉得威胁这种行为，对十六岁的少年来说是对的？"

"对，用点手段先出院，他不该在这里。我还教他回去就找他爷爷下跪认错,老人还是护孙子的,肯定就不会回来了嘛。"

"……"

那天,大家的心情都很差,难道以后我们还要监听病人们之间聊天的内容吗?沈希教唆青少年进行试探性自伤,威胁父母达成目的,这真的很卑劣。不仅如此,他也许真的在他爷爷面前痛哭流涕,但他心里真的这样想吗?他会从此成为一个虚伪的人吗?他已经尝到了成功的甜头,很可能在歧途上举一反三自学成才,说不定还会引起其他在院病人的效仿。我简直不敢往下想了。

尤其是小李,他是那小伙子的责任护士,这算他的不良事件。小李写汇报的时候撸着工作服袖子,键盘敲得啪啪响,边写边和我说:"老大,你能不能把护士长引开,我想把沈希揍一顿,教他做人。"

我安抚小李,向他一再保证,等我做院长的时候替他引开护士长。

后来我们开会又反复讨论,却找不出什么好办法防范类似事件。因为我们不能阻止病人间的交流,也不能把病号服上的纽扣都摘除。我们只能用最笨的办法,给病友们开座谈会,去和他们促膝长谈,请他们相信疾病终有痊愈之日,请他们千万不要伤害自己。在漫漫人生旅途中,精神病院只是一个驿站,我们只是提供一些特殊的补给,好让他们看到更远处的风景。

至于沈希,他始终意识不到自己在干涉他人的治疗,他就像个渡劫失败的大妖，堕入魔道黑化了。

黑化后的沈希彻底放开了，魔性得不亦乐乎。不久后，我又借调到别的病区帮忙，还是不时听到小李对沈希的吐槽，桩桩件件都是雷。

"老大，我好惨，沈希出院才三天又住院了。他在家半夜砸玻璃，把手砸得血肉模糊，情绪挺激动的，外院也不肯收他。我凌晨两三点蹲在那儿，给他清创、夹玻璃碴，搞了半小时。

"老大，沈希绝了，他住院的时候带了几瓶饮料，我一看怎么开过封，留了个心眼打开一闻，你猜是什么？里面灌的是白酒！现在任何病人带饮料都得开瓶检查。

"老大你知道吗？沈希带了双室内鞋。我真是怕他了，我又留了个心眼，把鞋垫拔出来看看，结果啊，他竟然把鞋底掏空了塞了个打火机！我说怎么金属探测仪刷过去的时候老'嘀嘀嘀'的。"

…………

我不知道该怎么评价沈希。沈希是有认知的，他了解疾病，了解药物，还了解人性，他绝对可以识别事件的严重性。可他烦躁，他崩溃，循环往复，他是个停不下来的过山车。

我们尽力去调整他的情绪，改善他的睡眠，教他所有放过自己的方式，却永远没办法替他解决家庭问题和婚姻问题。不知道沈希出院后回家又经历了什么，也不知道他为何执着于这段婚姻。我们不能追问，每个人都有权保持沉默。

我幻想三界之中真有灵犀一指，戳着沈希的脑袋瓜子破开魔障。又想造鼎起炉炼出绝世神丹，捏着沈希的鼻子给他塞进去，然后沈希破开封印，悠悠转醒，告诉我过往种种都是南柯一梦。

等我再调回楼上病区的时候，秋阳淡淡，落叶满地，系统里又出现沈希的名字。

我对他黑化的过往记忆犹新，觉得他已经变了一个人，不会再找我聊天了。某天我在活动室教病友们写字，沈希却来主动搭话："小郁好，你最近不理我了吗？"

"沈博士好，我只是不知道说什么。"

"我老婆同意不离婚了，她说会好好过日子。我这次再来调一次药，稳定好自己，完了会继续工作，领导也愿意给我一个机会。我应该不会再住院了。"

"成功了？"

"想通了。"

沈希说，他大学时代认识他老婆。那女孩性格开朗，长得美，会跳街舞玩滑板，笑起来闪闪发光。他一个书呆子瞬间就移不开眼睛了，死缠烂打般追了很久。谈婚论嫁的时候他才知道他老婆家境殷实，殷实到不工作收房租都可以吃几辈子那种。

"你配得上，不要妄自菲薄。"我诚恳地说。

沈希摇了摇头，又说："也许吧，别人觉得我各方面条件已经不错了，可现实不是这个样子的，她拥有的很多，感情上她施舍我，我才有，我只是她的一部分。

"我读博考公也是为了配得上她，我变得非常忙，我没有时间回应她。等我发现以后事情已经难以挽回，我思考了很久，决定用时间挽回。我了解她，她会回头。但这个过程中我无法与自己和解。"

"现在可以了吗？"

"不知道，走一步是一步嘛。"

沈希特地过来和我谈起这件事。有始有终，像是给自己一个交代。

精神科治疗前医生都要询问患者的病前性格，分析个性特征。沈希原本的性格就自带偏执，他说得自卑自谦，可又何尝不是一根傲骨在死死撑着？他这是历了个情劫，在自矜自苦、自暴自弃里走了好几个轮回。他的偏执害了他，又救了他。

人与人之间的相互吸引是怎么开始的呢？一见钟情又是怎么回事？被精神操控的女孩爱上不羁自由的男孩，奇葩女爱上渣男，书呆子爱上坏女人。

聊天的时候朋友间常说，以后找对象要找什么样的，可最后很难完全匹配，甚至根本不同，不知道怎么就爱上。那就是一见钟情吗？

人不会爱上和自己毫不相干的人，一见钟情是对方达到了当时你对亲密关系的心理预期，这个预期是在自我探索之后，冥冥之中存在于意识里的。

在你不知道的时候，精神层面已经决定了你会被某种特质吸引，可能是共同经历的那种"创伤感"，可能是不曾表达过的"渴望感"，也因此有些人会在不同的人生阶段，不同的心理状态下，爱上不同特质的人。

爱情真复杂，对吧？

说到这里，我有本蛮喜欢的书叫《你没有退路，才有出路》，里面有段话恰好可以做这个故事的结尾：你决定开始一段新的感情时，请一定要弄明白自己什么情况下会受到伤害，告诉自己的另一半，然后让他更好地保护自己。

"我爱你"的前提是，有一个完整的"我"，你必须明白，什么才是完整的自己。

国道尽头有传送门

他觉得自己走在一个虚假的世界里。

偶尔也会突然清醒过来,他以为世界上真的有传送门,在他不知道的情况下把他传送到陌生之地。

我在精神病院种蘑菇

暮色收尽余晖，天空像被人用蘸了墨的毛笔刷过，刷一次，浓一次。路灯接连亮起，逐渐延伸到繁华尽处，映照出人间软红香土，车水马龙。

纪宇突兀地站在一处阴影里，周围的景象正以他为圆心打上磨砂玻璃似的马赛克。他还没来得及挣扎就陷入了一团混沌中。

他感觉胳膊上有东西，摸了一把，手就被粘住了。他慌乱地用力扯，渐渐拉出精细的丝来，然后四肢也被缠住了，像是被虚空中的某人牵引，突然做出不属于他的诡异动作！

我在干什么？我是提线木偶吗？

纪宇的心头刚萌生出一股恐惧，漫天光怪陆离的思维碎片，就像雪崩一般呼啸奔涌过来，瞬间压塌了他的自我意识，连表情也被冰封在这一刻！

纪宇想求救，张了张嘴，声音竟也被某种力量封禁。他隐约看到一个路人的影子，连忙伸手拽住。

救救我，他想。

这个影子模模糊糊地转头，晃晃悠悠地变形，抖抖索索地长出尖牙利爪，发出叽里咕噜的怪声，轻轻一挥手就把他推倒在地。

妖怪？它想害我？纪宇颤抖着闭上眼睛，谁都不能相信。

这时，纪宇发现自己意识的一角又响起了窃窃私语。是谁在说话？他不由自主地侧耳倾听，追寻来源。这声音好像在混沌深处，他的灵魂长出手臂往那里越探越深。

突然，像是捅破了一层隔板，窃窃私语化作宏大的音波来回激荡，振得他头痛欲裂！纪宇徒劳地捂住耳朵，可音波又转化成语言发出了不可违抗的命令："往前走，不停走，不走就会死！"

纪宇残存的一丝清明死死地撑着，他迅速掏出口袋里一张残破的餐巾纸堵住耳孔，反复告诫自己：不能听，不能听，不能听！

有人在跟踪我吗？为什么感觉如芒在背？那音波像是不可违抗的天命！像是不断击碎头骨的重锤！纪宇张了张嘴发出无声的呐喊，意识随即沉没在精神的归墟之中。

…………

忙碌，喧嚣，聚散，努力奔波是生活最积极的光景。312国道的某段高架桥上，车流不息，尾灯一划，散作人间的流星。

这是一个普通的白领下班回家的必经之路。他开上高架桥后习惯性地观察路况，他突然坐直了身体，前方最右侧的车道上竟然有个人在徒步行走！多危险啊！那人衣衫褴褛，满面风霜，步履不停，过往车辆显然都注意到了，纷纷按响喇叭刻意避让着。

太危险了，他无法忽视这个生命，马上打开免提报警求助。而在这几分钟里，接警中心已经接到了几十个同样内容的报警电话。

纪宇不知自己走了多久，不知自己身在何处。如果有照片对比，会发现他已经和前段时间的样子判若两人。他的头发纠结成一团，皮肤晒得黝黑，嘴唇干裂，透出不正常的淡紫色。他显然非常虚弱了，步子迈得艰难又虚浮，脚上的鞋子甚至不是一双，其中一只有点小，脚后跟都塞不进去，在地上拖出了血渍。

停不下来了，每当纪宇想休息时，脑中的声音就会命令他继续，他无法违抗，他的四肢都被无形的力量牵着。

走吧，走吧，没关系。纪宇想着，说不定能沿着这条道走回家呢。

夜幕中，红蓝灯光裹挟着令人绷紧神经的鸣笛声由远及近，一辆警车刹停在纪宇面前。

纪宇看不清，他的视线早已模糊不清，他只觉得自己的混沌世界多了点鲜明的色彩，他甚至探出手去，面前怎么全是重重叠叠的影子？影子讲话了？他们说什么？纪宇继续探出手，想要拨开。

恍惚中，纪宇感到有人抓住他的手臂，在他的视野中，这只手正在拉伸，变形，长出锋利的指甲，这像只鬼爪！纪宇又头痛起来。

那个宏大的声音急促地命令道："有人害你！快跑！不跑就会死！"

影子们变得更纷乱了，嗡嗡说着什么，纪宇根本听不清。意识中不断催促的声音却是一浪高过一浪，逼得纪宇四处推搡起来。别过来！别抓我！

纷乱中，他好不容易抓住一个衣角，刚要问一问究竟，音波马上轰鸣道："打！打他！不打他死的就是你了！"

"不是这样，不是这样！啊！"他拼命摇头，灵魂被撕扯出一道裂缝。纪宇怒吼着，被他自己扯出来的一半立刻站在局外，眼睁睁地看着自己的躯壳在挣扎、咆哮，竭力挥舞着拳头……

不知为何，纪宇觉得喧闹声越来越小了，视野里磨砂玻璃似的马赛克却越铺越多，很快他的世界只剩一个缺口。

我是谁？

我在哪儿？

是传送门！把我传回家去吧！

纪宇忍着疼痛拼命向那个缺口奔去，可还没找到答案，最后一块马赛克已经填满了世界。

本市精神卫生中心，男封6区。

病史记录	
姓名：纪宇　性别：男　年龄：35岁　病史：/	
诊断	急性而短暂的精神分裂症样障碍。
患者信息	3年前来本市工作并定居。
病程记录	社会流浪人员。 被发现行为异常一天，急诊拟急性而短暂的精神分裂症样障碍送入病房。 患者在外行为紊乱，晚上独自行走于312国道某段高架桥。热心群众报警救助，警察到场后，患者语无伦次情绪激动殴打民警，申报救助站后立即送我院治疗。

我看着值班医生的病程首页，再看看纪宇，此刻他就像一个经历了无数颠沛流离的麻袋，一动不动地任凭护工和保安们把他搬到了病床上。

纪宇在急诊时已经被肌注10毫克地西泮，口服过一粒奥氮平，情绪已经平稳了，但人还是浑浑噩噩的，表情像被千年寒冰冻住一般淡漠，问他姓名也不回答。我叹了口气，准备和小周师傅一起做卫生处置。他浑身又脏又臭，衣服裤子看不出原色，头发里全是斑驳的头屑和尘土。给他脱下鞋子后整个病房都被熏醒了。

只听总裁颤颤巍巍地醒过来问:"小郁,什么味?你家厕所漏了?"

"是臭脚味!我给他洗,你睡吧!"老爷子耳背,我只得对着他耳朵眼大喊道。

"脚能这么臭?没见过,我看看。"躁狂症的老爷子太好奇了,半夜都要支配我。我哭笑不得地扶着他品鉴一番,再安抚老爷子睡下,转身去泡了盆消毒水。

小周师傅屏住呼吸,满脸绝望地抓住纪宇的双脚,猛地往消毒水盆里一按。我憋着气迅速用双层垃圾袋捂住那两只生化武器一样的臭鞋,扎了个单手结,以迅雷不及掩耳之势狠狠丢进垃圾桶。

总裁不知何时又醒了,悠悠喊道:"小周?"

"又怎么啦?"小周师傅无奈地喊道。

"你手剁了吧,不能要了。"

…………

我奔到医生办公室的窗口换了两口新鲜空气才敢回到一级病房。小周师傅已经在给纪宇剪指甲,那指甲长得就像《西游记》里的妖怪。

纪宇的残破外套里只有一张身份证,一个打火机,几张破烂的餐巾纸。一般留有物品的外套,即使很破烂了也要留存,以便患者清醒后寻找。

我看着那几张餐巾纸的形状,有些旋转的痕迹像是仓皇间拧过的。我马上看了看纪宇的耳孔,果然被纸巾塞得严严实实。怪不得问他话不回答呢,他压根听不见我说什么。

对刚入院的病人不熟悉,我不敢贸然拔掉纪宇的耳塞,他显然是有极度不想听见的内容才选择封闭自己,有幻听的病人需要等他自己推开窗。

纪宇躯体状况很差,检验科电话报告了多项危急值,我在护理记录上一一记下,心里又开始感慨,要不是本市好心人多,搞不好他就要倒在哪个不为人知的地方,荒草为伍,魂归天地。

他很快虚弱地睡着了,为了迅速补充体液,输液时我给他穿刺了一个稍粗的留置针,也一动不动。

再见到纪宇,是我出夜班休息两天之后。

他已经好多了,人在病房里躺着很安静,耳塞也拔了,表情挺自然,简单问话可以回答了。

"老大,不用问了,这两天沟通得差不多了,一问三不知,你再问人家要烦啦。"小李道,他那天早班,已经提前问过病人情况。

查看护理记录,发现纪宇在我出夜班的早上九点左右醒了。他醒了就彻底醒了,不知道自己身在何处,也不记得为什么会到精神病院,和护士们吵了一天,非说自己没病,要求出院。护士们解释得磨破了嘴皮子也没用。纪宇冲门一次,骂人一天,约束两天,今天早上洗漱的时候刚解除。

我去看纪宇，他的眼神马上警惕起来，上下打量我。

"你还记得我吗？我给你脱鞋的，然后洗脚，有印象吗？"我试着套套近乎。

"没有，不记得。"纪宇的声音平直。

总裁马上嫌弃地补刀："你怎么能不记得？那味道，哼，有毒。"

敢情我和小周师傅这个罪是白受了。我又问他："你知道我们这是哪个省什么市吗？你怎么来的？"

"不知道，我出来打工，本来在叮×买菜配货的，突然就断片了。"纪宇回忆道。

"以前住过精神病院没有？"

"没有。我没病，我正常人。"

行吧，确实一问三不知。他的头发还是很脏很长，我说服纪宇理发，在他纷飞的头皮角质层中再次拉近了护患关系。

理完发，我发现他头顶左侧有一道长约五厘米的弧形陈旧性疤痕，部分颅骨稍有凹陷。

"这是怎么回事啊？感觉很深。"我问道。

纪宇摸着那块凹凸不平的头皮说："几年前在工厂里打架，脑袋被人用扳手开瓢了，我爬回出租屋里晕了不知几天。我都以为要死了，后来命大自己长好了。"

"你怎么不去医院？你没有朋友帮忙吗？你打120啊！"我惊呆了，头部受伤竟然不去医院治疗。

纪宇嘿嘿一笑，说："又没事，我命大得很。再说了，是药三分毒,花那个钱干什么,不想去医院。"

"生命要紧,以后一定要去医院检查。"我劝道,纪宇无所谓地点了点头。我也没有多说什么,很多病人是这样的,他们觉得自己的生命力可以战胜一切意外,相信自己的身体有强大的自愈力。

在纪宇的概念中,自己是被"抓获"的,住院实在是迫不得已,他时常想着回去工作,去配货送货。

住院不比流浪好吗?

我给他劝解说:"纪宇同志,你现在住在这里是国家救助的。免费,懂吗?免费的,天上掉馅饼也就这样。你就当在这里度假,二十四小时新风系统,二十四摄氏度恒温,三餐四季,灯火可亲。出去干活多苦啊,还要操心房租水电,你就安心住着吧。"

纪宇听得一愣一愣的,反复咂摸其中真味。

总裁听了却不赞同,因为他回家也是这个标准,只有一点不一样,所以他操着唐山口音问:"小郁,雇你回家当保姆中不中?得夺哨(多少)钱?"

小李替我对着总裁的耳朵喊道:"你直接把户口迁医院来吧!"

"啊?什么?雇小郁,小李就是个赠品。"

"老头!过分了啊。"

"什么?我耳背,听不中。"

纪宇看着小李和总裁打口水战,表情涣然冰释,默默笑了起来。他可能被我们的亲和力所感染,不再冲门闹出院了。

光阴轮转，三个月后，我调离了男封6区。无巧不成书，纪宇隶属救助站，也跟着来到救助病区。他说本来不想换病区，但是听说我也走，跟着我混也挺好，至少知根知底的。

新到救助病区，病友之间都不熟，男病人之间颇有点枪药味，纪宇和另一个病友发生了冲突，受到刺激情绪波动又发病一次。

纪宇反复和护士们说，头痛，音波撞得头痛。一天后，纪宇变得表情淡漠，当天入夜后出现了幻视，时不时乱语，行为怪异，定向力障碍。

这次发病后用药比较及时，也得到了护士们的全力监护，纪宇醒来的时候还残留些许记忆，从他断断续续的描述中，我把他的故事拼了一个完整的拼图。

几年前，纪宇受到头部外伤后并没有正规治疗，包扎包扎就自愈了。

后来他发生过两次神游症，纪宇不知道这个症状，自己命名为"传送门"。第一次发作的时间短，只有几个小时。他没有走得太远，走过了一个区的距离。纪宇回想着说："我第一次断片，醒来时不记得为什么突然走在××区的一个公园里，还以为自己穿越了。"

第二次发作时间很长，足够他跨越一个市辖区。经过仔细回忆，对比了地名，我们发现纪宇竟然是在邻市的一家叮×买菜配货送货的。

某天早晨他醒来，头又痛了，开始漫无目的地游走。有时候感到周围环境变得模糊不清，看东西像隔着磨砂玻璃，听声音像隔着一道屏障，他觉得自己走在一个虚假的世界里。偶尔也会突然清醒过来，他以为世界上真的有传送门，在他不知道的情况下把他传送到陌生之地。

"我不知道自己为什么上了312国道，警察告诉我，我才知道那里是312国道。我记得有声音命令我一直走，走哪儿去我自己控制不了。我也会在断片中间清醒一段时间，不知道自己在哪里，本能地找点东西吃，再走。我和别人说我进过传送门，别人都叫我神经病，哈哈哈。"纪宇无奈地自嘲道。

纪宇还有些感觉过敏、幻触、幻视，时而觉得皮肤上有丝线拉扯，牵动四肢肌肉。夜间有鬼怪形象的恐怖性幻视，感觉妖怪要抓他。他害怕得经常逃跑，换城市生活。他说，有时候还能看见另一个自己，觉得是自己的灵魂围着自己的躯体在飘。我告诉他这其实叫作自体幻视。

"不是我疯了，就是世界疯了。"纪宇说，"小郁，为什么人会得精神病呢？"

我知道纪宇应该去怪当年给他脑袋开瓢的那一扳手，可更多的病人，我却不知道答案。但是呢，我总希望我的病人们不要怕，哪怕真正走到现实边缘,那里也有很多像我一样的人准备时刻拉一把。

不要怕,绝望终有边界。

长大的小孩

我们劝家属接受,放下,和解,但并不是所有人都能与疾病和解。

他们大声质问过命运,命运却只会投来冷漠的目光。

我在精神病院种蘑菇

不知道大家有没有关注过阿尔茨海默病，2021年有一部很感人的电影《困在时间里的父亲》，我看完难过很久，直到现在想起这部电影时，还有心弦被震动的感觉。许是职业的原因，我在看这类电影的时候会格外关注主演的疾病表现和情绪反应，无助、脆弱、孤独和焦虑，都是我特别熟悉并且时常经历的感受。

阿尔茨海默病是一种神经系统退行性疾病，和年龄有着充分却不必要的关系，发病年龄一般在六十五岁以上，随着年龄的增长而急剧增加。但是六十五岁之前也会发病，叫作早老性痴呆，我们单位收治过最年轻的阿尔茨海默病患者仅有四十五岁。

很多人不知道阿尔茨海默病也在精神科收治范围内，在阿尔茨海默病发展至中期时，患者会出现明显的行为和精神异常，部分患者还会有人格改变。我工作中遇到的阿尔茨海默病患者就是疾病发展到中晚期，家属已经无法再照料患者的生活时被送进来的。中华传统美德中有一项非常重要的品德叫作"孝"，子女顺从老人是天经地义的，所以很多阿尔茨海默病患者的子女无法过自己心理上这道坎，无法反驳、纠正或管理年迈的父亲母亲的异常行为。人生一地鸡毛，陷入束手无策的绝望境地。

我要说的就是关于一个早老性痴呆患者的住院故事。

精神科办理入院很少有顺顺利利的，各个病区的大门见证了无数人的情感，关于患者的大多是悲伤的情绪。有一年冬天，收病人时哭着来的却是家属。

病 史 记 录			
姓名：褚阿姨	性别：女	年龄：57岁	病史：/
诊断	阿尔茨海默病。		
患者信息	/		
病程记录	进行性记忆减退，失语，行为紊乱，生活不能自理，在家打砸物品。因家属无法管理被送入院。		

褚阿姨来的时候情绪很不稳定，一路上不断推搡她女儿，她女儿不敢反抗，低声哀求着还是被推得跟跟跄跄。褚阿姨昂着头横眉竖眼，努力做出愤怒的表情来表达此时的心情，她的嘴巴胡乱动着像是在质问女儿，但是没有发出任何声音。对，她已经忘

记人类可以使用语言了。

褚阿姨看起来真的很年轻,头发乌黑,肤色很白,没什么皱纹。不过头发不知多久没有洗了,已经结成油腻的一绺一绺,发缝间全是白色的头屑。她的脸很清瘦,颧骨凸出,面颊有些凹陷,有些营养不良的样子,但是身体却十分臃肿,看起来比例不太协调。

我拿着一套干净的病员服靠近褚阿姨,她身上有一股馊臭味,手指缝满是黑灰色的污垢,双手的指甲全是啃断的。

"褚阿姨,你好啊,我是护士,我给你换衣服。"我拍拍她的肩膀,试探着伸手去拉她的外套拉链。

褚阿姨像是吓到了,敏感地立刻拍开我的手,拔腿就往外跑。我反应快,一把拉住她的手腕,随后就紧紧圈着她的肩膀,不让她继续往前跑。她的力气大得像头蛮牛,胳膊肘拼命撑开想挣脱我,同事赶紧来帮忙,我们一边安抚她一边慢慢把她放倒趴在地上。

褚阿姨的女儿看起来比我大不了几岁,蹲在地上握着褚阿姨的手,近乎哀求地说:"妈妈,咱们住院吧,你要治疗啊,我没有办法了呀。"

褚阿姨不能理解,迷茫地看着我们,这会儿她可能已经忘了我们俩要干什么。

我看褚阿姨的情绪已经渐渐平复,对她女儿说:"我们先把你妈妈的衣服强行换下来,好不好?实在是太臭了。"

褚阿姨的女儿点点头,憋着嘴使劲忍住哭泣说:"好,好,我妈妈已经一年多没有洗澡了……"说完她就再也忍不住了，眼泪扑簌簌地往下落。

我去找了一根约束带扣在褚阿姨腰上，和同事一起把她带到病床边，另一端系在床架上防止她再跑出去。褚阿姨很快转移注意力，反复拉扯这根带子，不知她想到了什么，研究了一会儿就像洗衣服一样认真搓了起来。

整个脱衣服的过程就像一边打咏春一边剥洋葱。

我刚拉开褚阿姨的羽绒服的拉链，她就不乐意了，又昂着头做出很凶的表情开始捶我，我只得不断格挡，好不容易给她脱了羽绒服，发现里面还有两件厚外套。褚阿姨有些经验了，一只手紧紧攥着自己的领口不让脱，腾出的另一只手捶我，她的力气大，同事怕她捶伤我，只得两手控制住她的手腕，没法帮忙脱衣服了。两件外套连续脱了以后，只见里面还有毛衣、毛线马甲、棉毛衫……

"怎么还有？！"我惊讶不已，棉毛衫里还有一件薄外套，里面穿了衬衫。

"不会吧，还有？！"同事也惊呆了，我们给她解开衬衫纽扣以后，发现还有短袖T恤、背心、打底衫……最后竟然脱下来满满一床的衣服，春夏秋冬四季，她不断叠加，把一整年的衣服穿在一起了，怪不得看起来头身比例不协调，脱完这些衣服以后，我们发现褚阿姨本身是非常瘦的。

女儿看着骨瘦如柴的母亲，很惊讶，很陌生，眼泪像决堤一般再也抑制不住，她不知道该说些什么，喏喏半晌只反复对着褚阿姨叫："妈妈，妈妈……"

褚阿姨听不懂，她毫不关心女儿的情绪，只是对我们脱她衣服的行为非常愤怒。她奋力挣脱同事的束缚，挥舞着两只拳头不断捶我们，表情却很滑稽，瞪着眼睛努着嘴。我们指着那堆发出阵阵馊味的衣服尽力跟她解释、比画，希望她能理解。后来褚阿姨怒极了，突然冲我们发出两声"汪汪"的叫声。

我愣住了，同事也沉默着，那瞬间我们真的特别难过。

"妈妈！不要！"她女儿紧紧抱着褚阿姨的脖子，褚阿姨却愤怒地捶她女儿的背，好像听不到女儿的失声痛哭。

那几天我做过一个梦，我梦见有种力量把我从现在的时空中挖出来，强行塞回过去。

我变成大学毕业时的我，一个人提着行李来到一个陌生的城市，好多人向我拥来，似乎在问我要不要打车，也好像在推销产品。我听不懂他们的方言，我不认识他们，想快点离开。于是我奋力地想挤出这个人群，有人突然拉住我的手腕，我被困住了，心里升起的恐惧的影子逐渐抓住我的意识，怎么挣扎都无济于事……

闹铃响的时候这个梦就像退潮一样离开，我的心绪却困在那种迷茫和焦虑中很久，上班的路上我不由得想起褚阿姨，梦里延续着的感觉太像阿尔茨海默病了，褚阿姨也会这样吗？

有次看了一个关于阿尔茨海默病的科普帖，讲随着病程发展患者会出现很多症状，最终毫无尊严地死去。

底下有人评论说：如果我得了这个病，就自尽。

有患者家属回复说：你那时候都不知道自尽是什么意思。

作为护士，我偶尔也不知道如何去照顾褚阿姨。

褚阿姨很敏感，她的东西别人碰一下都好像是要抢她的，反应非常激烈，有时候对护工胡乱挥手，有时候见人就捶一下，我们费尽心思地解释了半天，她只给一个似懂非懂的表情，下次还是这样。

她经常感受到恐惧，总是焦急地往门口努嘴，张开手臂挥舞示意。我帮她无数次查看过那个门口，也无数次带她亲自去检查过，什么也没有。褚阿姨还是很焦急，没办法放心，有时候在门口找不到东西就自己躲着。有次护工转个身就找不到她了，急得半死，后来发现她在床底下趴着，双手捂着脸。也许是幻视吧，可我无从得知，她也忘记怎么用语言表达了。

她特别喜欢藏东西，尤其喜欢藏草纸、牙膏和隔壁床脸盆里的肥皂。搞得枕套被套里全是垃圾，病员服口袋里经常有黏答答的肥皂液。我每天安全检查的时候都要跟她抢垃圾，褚阿姨每次都用眼神警告我，可惜对我无效。于是她便先抢枕套，抢不过就趴在被子上护被套，最后双手捏紧口袋缩到墙角。后来我怕动作太大伤到她，就给她找来一个小的注射器的纸箱，当她的面把枕套里的草纸丢进去再把纸箱送给她，她慢慢就不把垃圾藏进被套了。她喜欢那个小纸箱，小纸箱仿佛变成了她的藏宝箱，每天都要翻检好几次：草纸、牙膏、隔壁床的肥皂。

对于吃药，她也不能理解，我们说，劝，骗，都不行。我把药磨成粉搅拌在她的牛奶里，假装自己喝了一口，教她喝，她尝出来苦味，一生气全给我倒地上了。我就只能来硬的，没办法，病人必须吃药，先控制好精神症状再说。

有一次，我给褚阿姨喂饭，她突然像是看到了什么，猛地挥开餐盘，汤汤水水泼了我一身。护工阿姨怕她打我，想去拿约束衣，褚阿姨瞪着眼嘴巴快速翕动，似乎还记得要找点词句，只是不晓得该怎么说出口。话语含在嘴里，于是就更气愤了。

"护工阿姨，别动，我们不过去。"我拦着护工说，"等她脾气发完。"

果然，几分钟后，褚阿姨已经忘记刚刚是怎么回事，她茫然地看着一地汤水。我做了一个扫地的动作，盯着地面慢慢走过去，也不去看她。她安静下来，似乎也不怕我了。

随着治疗的进行，褚阿姨的精神状态好了许多。探视日的时候，我们让她女儿心心来看她。只是十天没见，褚阿姨似乎已经忘记女儿的模样了，隐约觉得熟悉，人却不肯过去，对着我露出了疑问的表情。心心很难过，留下一份家常菜就回去了，临走时拿出一张合影给我，希望我放在褚阿姨枕头底下。

我没有放枕头底下，而是把照片放在褚阿姨的"藏宝箱"里。我常常抽空带她看看照片，指着照片背面的字，又翻过照片，指着照片中看起来年轻一些的女孩和女人，对褚阿姨说："这是心心，你女儿。这是你，褚阿姨。"时间久了，褚阿姨自己也会翻检出来：草纸、牙膏、隔壁床的肥皂、心心的照片。

心心说，她妈妈本来是厂里的车间主任，性格很是要强，什么都自己来。所以退休之后根本没有发现早期症状，只是觉得脾气有些古怪，不好沟通了。直到有次，她想看电视，发现妈妈竟然不会用遥控器了，渐渐地说不出物品的名称，买东西不知道要付钱，性格越来越孤僻，不让人接近，接近就会被打……家人都累了，感觉全家都在这种压抑的氛围下开始冷战，每个人孤独地做着自己的事。可没想到的是，有一段时间没人跟褚阿姨说话，她竟然就忘记怎么说话了，她彻底忘记了家中的常用电器是干什么用的。看到电视打开播了电视剧，她突然冲过去砸了，听到微波炉热完东西"叮"的一声，她吓到了，把微波炉也砸了……

心心说："我累的时候想过逃跑，逃到一个谁也不认识我的地方，我是不是就可以为自己好好生活？我思来想去觉得不能，我会永远背负内疚，逃到哪里都过不好的。她是我妈妈，她只有我一个女儿，她打我，不认识我，我还是要照顾她的。"

是啊，看不到光。这也许是女儿的精神黑洞，是母亲的孤独之旅。

哲人说："生的对立面，或许不是死亡，是遗忘。"

我们劝家属接受，放下，和解，但并不是所有人都能与疾病和解。他们大声质问过命运，命运却只会投来冷漠的目光。

我的病人们终归都要回家，可褚阿姨能回家吗？

我变成一个"坏人"和她斗了很久。

褚阿姨性子很倔，天气好的时候我让她出去晒晒太阳，她不肯，双手紧紧握着床头的栏杆，努嘴瞪我，偶尔还能看准机会捶我。我就来硬的，把她捆在轮椅上，推到农疗园去。春风很暖，满树花开，她很快忘记挣扎，渐渐会笑了。

褚阿姨大便拉在裤子里不肯换，有时候还不认识大便，好奇地伸手去捏。我紧紧握住她的手腕想带她去洗，她一看到浴室门就不乐意了，褚阿姨已经记住了这个要脱衣服的地方，拼命往后退，我就叫护工阿姨一起把她按在浴室的地上脱，她恨我也没办法了。

她还不肯洗头，每次洗头都要和我"搏斗"。心心说可以帮她把头发剪短一些，可理发也很难，她拼命摇头不许我碰，我看准机会拿出剪刀假装要把她耳朵剪了，她只能乖乖坐好……

我一边"凶"一边想，心心能这样做吗？出院以后怎么办呢？

又过去一个月，精神科用药物改善精神症状，提高认知，促进睡眠，以护理照顾身体的方方面面。褚阿姨的情绪明显平稳了，她渐渐不再和我剑拔弩张，目光变得柔和，像一杯温开水，甚至在我给她喂饭的时候能点点头。

我开始给她做认知训练——敲琴，0—2岁孩子玩的八音敲琴小玩具。

一开始褚阿姨对敲琴很好奇，她变换着嘴型不断点头，拿着木槌摸来摸去不知道怎么用。我握着她的手乱敲一通，发出"当啷当啷"的声音，褚阿姨笑了，她觉得好玩。

可我松开手，她就很茫然，我示范着做敲的动作，她也无法跟随指令，她不理解。于是，我每天都花二十分钟的时间，握着她的手，开始反复反复的"do re mi do do re mi do"。褚阿姨学不会，我也不勉强，看她快乐，能笑，就好了。每天固定的"do re mi do"结束后，偶尔我也带她敲个《欢乐颂》《小星星》。有次我故意加快节奏，然后放开手，褚阿姨因为惯性自己敲出了两个音，当时她惊讶极了，发出一个"啊"的声音，我也惊讶极了。

我训练褚阿姨做"拉"的动作，这很重要，可以防止她跌倒或者坠床。年老或认知障碍的患者跌倒的发生率很高，跌倒后的伤害性很大，加上治疗精神症状的药物多少有些镇静作用，因此在精神科，防跌倒是护理的主要任务。

我抓着褚阿姨的手，五指握住床栏，带着她往不同方向施加力，每拉一下，我就说一句"拉"。我又把她的手按在沿墙的扶手上，告诉褚阿姨用力"拉"，可我一松开手，褚阿姨就放下自己的手，对我点点头，我哭笑不得，只得反复加强训练。后来她学会了拉着我工作服袖子，说："啊。"她似乎明白了一点。

褚阿姨还会夜游，她半夜醒了就起来游荡，不知道要找些什么，有时候会摸索自己的枕套，搓自己的毛巾，或者翻检她"藏宝箱"里的草纸；有时候会游荡到其他病床边，拿了隔壁老太太的东西，又不知道放到哪里去了。有次我夜班，褚阿姨又起来找东西，我想劝她睡觉去，做了各种动作她都不明白，眼神很茫然，为了表示友好，她对我努嘴又点头。我牵着她回去，给她拿了枕头放在肩膀上，她似乎能懂，点点头抱着枕头渐渐睡去。后来我们给她两个枕头，一个枕着，一个抱着。

褚阿姨的精神症状已经控制得很好了，虽然还是无法照料自己的生活，但是已经渐渐学会与人相处，不再胡乱攻击别人。我们给她做的认知训练收效甚微，但她已经认识了很多物品。比如，知道牙膏、肥皂之类的东西都是洗漱用的。

心心带褚阿姨出院的那天，我给她换下病员服，要穿心心带过来的新衣服，她又不明白了。刚穿上一只袖子就被她脱掉，她表情很着急，不停捶我，说："啊啊啊啊！"

心心握住她的手，反复哄着："妈妈，你不要打护士。"

褚阿姨还是着急，跺着脚挥舞着手臂，我好像明白了褚阿姨的意思，去护士站找出八音敲琴的玩具，褚阿姨努着嘴点着头，拿起木槌连续敲了好几下。真不错，我给她竖大拇指点赞。

心心握着她的手要出门，褚阿姨又不愿意了。她甩开心心，不断回头看向床底，心心很疑惑，反复问："妈妈，你看什么？我们回家了。"我顺着她的目光，找出那个已经很破旧的注射器箱子递给她，她放心了，拿着抱在怀里。

就这样好不容易哄到病区门口，褚阿姨像是突然想起什么似的，她不愿意出院了，她死死抓住我们的病区门的把手，她学会了"拉"。我在她背后用了一个没教的动作"推"，她困惑极了，我不敢看她的眼睛，连忙关上了门……

寻根流浪者

　　他曾经说,他不孤独,绝对的孤独是不存在的。但我仍从他身上感受到孤独,我是旁观者。
　　我在时间长河的对岸,看到他一个人在期待落空时周身都溢出痛苦和孤独。

如果说精神病人是人类中的另类，那精神病院就是医院里的另类。

我有段时间很喜欢看医疗剧，但鲜少有精神病人的故事，仔细一琢磨，觉得怪不着人家编剧，很多真实案例根本没法改，没法拍。病人的思维过程和妄想内容与他所处的时代背景和个人经历息息相关，又以被害妄想居多，病态思维与现实事件相互交织，非鲁迅之笔都不敢写。

精神病院发生的事跟大多数医疗剧里播的都不同，人情冷暖有些两极分化。我几乎没见过病人和家属生离死别，也没怎么见过与病魔做斗争的病人，有些病人甚至压根不想斗争，更没见过家属因为高昂的医疗费用蹲墙角哭等场景。

人得了躯体上的疾病，只要有希望就会努力治疗，会有人伸出援手。精神疾病呢？一般会讳莫如深，别人会避之不及。

前天午餐时护士长和我聊天，说老年4病区有个住院二十年的病人去世了，4病区护士长通过社区才找到她的家属。这位家属是病人的表兄弟，说没有联系过，两人没有感情，不管老人的后事。于是医院出面给老人办了身后事，最后发现老人的工资卡账面居然还余五六万块钱，医院不能要，再去联系家属还钱，家属一听有好几万块钱，马上就来了。

真现实啊。

光阴似水，得了精神疾病的上一代人，正在逐渐变成孤寡老人。但有些人是有选择的，由于精神疾病，他选择孤独一生，可年华老去，现实问题就会接踵而来。

今天还是说我们救助病区的病人。病史记录这么写道——

病 史 记 录			
姓名：高栋	性别：男	年龄：60岁	病史：30年
诊断	偏执型精神分裂症。		
患者信息	辽宁人。无业流浪。		
病程记录	在外故意破坏巡逻打卡点，予以制止时患者表现冲动易激惹，不配合问讯，言行异常。 查有精神病史，联系救助站送入院治疗。		

高栋是我见过的最干净的一个流浪汉了。他虽然长发及腰，但洗得很干净，扎得很整齐，身姿笔挺，肩宽腿长。衣服破烂但是异味很少，眼神里有股子倔劲，我上前跟他搭话的时候，甚至还感受到一点居高临下的蔑视。

他维持着这种姿态说："我的问题你能解决吗？不能解决就别

问了。"

"你还没说什么问题。"我确实还没来得及看他的病史,一头雾水。

高栋冷笑一声,肯定地说:"我知道你们这种单位,你们不是跟警察一伙的吗?你怎么不知道?少装蒜。"

得了,这种情况挺常见的,我并不打算辩驳,简单向他介绍了住院环境和作息时间就打算离去。刚要走开,只听高栋又幽幽说道:"这个世上不是所有护士都是白的。"

行吧,还讽刺上了。

有时候我觉得精神科护士也是高敏感人群,常能读取病人们说不出口,或者是自己也未能察觉的情绪。这些情绪自带能量场,精神力量越强,能量场的辐射越强,有时会强大到"生人勿进"。我曾把我的这个情绪能量场理论讲给我闺蜜听,她笑话我,说我神神叨叨的,真该写本著作。

虽是玩笑话,可我却时常能验证这个荒谬的理论。比如高栋常独自坐在病房的角落里,什么也不做,只是坐着。他不爱参加我们的康复活动,不写字、不做操、不做手工,如果耳朵能关起来,他应该连音乐都不愿意听的。他可能以为自己已经伪装成了一块不起眼的石头,但他是一块奇崛的礁石,仍是引起了我的注意,我暗暗观察,发现很多病人也在偷偷关注着他。

所以他的身体里一定是散发出了"生人勿进"的能量场,无形中吸引了我们,却又拒绝了我们。这种"场"的能量非常强大,不然怎会一个病人都不愿与他讲话呢?哪怕是话很多的小躁狂周夸夸。那么反推一下，高栋也一定是个精神力量很强的人。

几天下来，我仍在观察高栋，许是因为他是我工作多年以来见过的第一个干净有气质的流浪汉，这种气质很可能来源于读书和学历，我无法忽视他。我日常寻找着与他聊聊的契机，比如发药、做检查、做治疗，却又时常被他巧妙地躲过或化解。高栋深谙此道，我始终无法与他多谈。

渐渐地我对这事有点着魔。某天又与我闺蜜聊起，她说我这不是什么执着精神，而是不尊重病人的表现，每个人都有权保持沉默。

我可能就是需要这样一盆凉水清醒一下。突然想起王小波在一本书里讲过，大意是每个人的快乐或悲伤必有其道理，你可以分享，你可以同情，却不可以命令他怎样做，这是违背天性的事。

很多人以为住精神病院会被强行纠正一些行为，不听话就会怎样怎样，于是精神病院变得特别恐怖特别渣滓洞。其实不是的，精神病院反而是包容性很强，没有设置太多条条框框的地方，大多数的天性是被允许的，大多数的情感是可以释放的。精神科的任何医护，都不会要求病人强行违背自己的原则。

是这样的，必须如此。我似乎强行说服了自己，不再去寻找话题，我可能失去了一个故事，但是没关系。

可人生就是这样奇妙，在我决定放弃的时候，竟然出现了一个新的契机：理发。

做一名优秀的精神科护士需要有点手艺傍身，有些同事很会做手工，有些同事跳操跳得好，有些同事是资深瑜伽爱好者，这些技能看似普通却都是精神科极欢迎的。我的技能也很实用，我会书法和理发，书法是童子功，小学开始练的，理发这门手艺实实在在是工作以后在病人头上练出来的。

我的老师说，几十年前单位边上有个巷子，里面有个很有年代感的理发店，时代变了年轻人不再去那里理发，那老师傅就愿意到精神病院给病人理发，只要一块钱一个头。后来老师傅去世了，时代又变了，再没理发师愿意上精神病院的门了，从此就是护士学着给病人理发。病人太多了，集体理发一天理四五十个头，护士也很累，所以这是一门没人愿意学的技能。

可我的老师当时是愿意给病人们理发的，于是我也接过了理发推子。

轮到高栋时他不肯理发，坐在他固定的角落岿然不动，谁叫也没用。高栋的头发很白很长，作为一个男性，真的太长了。若在仙侠剧里，结合他孤傲的气质，确有一些缥缈出尘，但现在真挺引人注目。我相信高栋因为这头长发是有些"麻烦"的。

我不想勉强病人，把这事汇报了护士长。在我们的护理工作中，有个要求就是注意男性病人的头发长短，注意维持患者的仪表，护士长又叫我去给他心理护理一下。于是与高栋聊聊，变成了一项护理任务，我得完成。

"高栋，你看啊，今天是我们病区理发日……"我话才说了一半，高栋就抬手阻止我。

"谢谢你，不了。"他很坚决。

"行。"我也简单回应道，开始收拾我的理发工具，叫保洁阿姨来扫地。

高栋略有些意外，像是准备好了什么说辞没来得及说，站在我身边竟然没有像往常一样离去。

"还有事吗？"我问道。

高栋摇了摇头，在我快离开时终于开口说道："你也许是白的。"

"白的？"

"每个人的形象都是自我塑造的，我这个样子已经十年了，这是自我选择。"高栋说。

"当然，你头发梳得挺整齐，也洗得很干净，我会告诉领导尊重你的选择，领导也会理解。"我对他点点头。

"嗯。"高栋点了点头，神色松动。我明白这就是感谢了，他只是不善于表达。

看过病史记录，我发现高栋是个资深流浪汉了。从二十世纪九十年代至今，高栋在这三十年间就像我国最早的"旅游博主"

徐霞客一样去了很多地方，可能是有什么特殊意义，其中福建省的每个城市都被他走过。我脑海中显现了一张地图，高栋的足迹从北部始发，旅程不断延展，踏遍东部沿海各省，渐渐在东南部密集起来了，最后停留在江苏。

这是为什么呢？他是真如徐霞客一般追求"诗和远方"，还是有特别的原因呢？

好巧，上天又送给我一个聊天的契机。那天我出去送检查，回来的路上遇到送报纸的小刘师傅，一看到报纸突然就想起了高栋，想起了他那身孤傲的书卷气。我拉着小刘对他说救助病区的报纸我带回去。小刘师傅开心不已，忙从包里翻了出来递给我。

我把这份新报纸紧紧握在手里，路过门口时躲开了几个等报纸的老病人，走到活动室最角落的桌前递给高栋。

"这是今天的新报纸。"我顺理成章地坐在高栋对面，说，"我看你也不爱看电视电影，也不爱做活动，要不看看报纸？"

许是寂寞了太久，高栋对我爱搭不理，但是对文字还是很有亲切感。他接了过来，点点头说："嗯。"

"我有个问题一直想问你。上周五我叫大家打电话的时候，你为什么不来？"我观察着高栋的眼神问道，觉得这次问到了点子上，"他们都打电话给家人，叫家人来接，难道你不想回家吗？"

高栋沉默了一会儿，终于说道："没有家，没有家人，我的家人还没有找到，我是寻亲的。"

"子女？"我立刻想到了那些寻子启事，难道高栋也是其中一员？

他摇了摇头，语气变得有些沧桑，说："不是，我是自己寻亲，寻找我的亲生父母。"

我看着他的满头白发，觉得不可思议。高栋今年已经六十岁了，于是又问："所以你是有养父母的？"

"都去世了。"

"那你核实过吗？比如报警寻找。"我觉得高栋应该是个很理性的人，这样的人会通过有效途径解决问题。

"不需要核实，我有我的途径。"高栋生硬地答道。

不知为何，我对这个答案略有些失望："你今年六十岁，你父母得多大年纪了？万一——"

高栋不想听到这个万一，打断我说："怎么？他们八十多，万一还在世呢？就算不在世，一个人活在世界上总有蛛丝马迹，总有亲戚朋友吧，我怎么不能找到？"

"所以根本就不是流浪，你是有选择的，你选择自己出来寻亲？"

"是。"

"寻了三十年？"

"三十年。"

我心中感慨，高栋也沉默了，我观察着他，他的眼神没有在任何一处聚焦，他似乎在回忆这三十年的寻亲路。他从风华正茂走到白发苍颜，时间长河在他脸上冲刷出一道道的沟壑，却没有把他的精神磨钝，瘦骨嶙峋的脊背挺立着，像一把竖起的刀锋。

他过了会儿斩钉截铁地说："流浪是我自己的选择，选择应该有始有终，我必须给自己一个交代。"

交代什么呢？我心里遗憾得很，却说不出口。在临床上，我见过很多类型的妄想，其中非血统妄想最难改变。

患者坚信自己不是生父母所生，也不能说出其生身父母究竟在哪里，于是他们开始多次外出寻找，也许是某些不经意间的暗示，也许是幻听，也许是继发于另一种妄想形式。这些人还有一个共同点：DNA 鉴定证实也不能相信。他们有自己的一套逻辑，环环相扣，难以动摇。

我想起写过的一位寻亲的警察小高。他母亲在儿子发病的几年间找了无数证明，证明儿子是自己亲生的，小高始终不相信。他跟我说 DNA 也可以造假，假父母已经在别人看不到的地方"只手遮天"，于是自己从西安跑到云贵川一带去找"证人"。

妄想是个体的心理现象，可同一内容的表现形式又何其相似。

对于无法被事实说服的患者，我们选择反向适应，开始寻求那种"格格不入"与"相与为一"之间的微妙平衡。

每年的冬季都是救助病区大量收容患者的时期。

高栋在一众三无流浪患者中显得卓尔不群。自从我给他递过报纸后，他就稍微有了些活力，经常独自坐在一角看报。病区每天的报纸就一份，本是相互传递着看的，但下午两点左右，有几个喜欢看报的老病人就喜欢在病区大门口守着，小刘的身影一出现，他们几个就开始拼手速。

我描写得详细肯定是见得多，但我们其实不会无聊到看他们几个"秒杀"报纸，只是怕他们因为区区报纸抢得打起来。可高栋喜欢看报又不与他们几个要，我心里总觉得不舒服，偶尔也加入"秒杀"环节，小刘看到总是高高举起手，环视那几个老病人施加一点威力，再专门把报纸递给我。我再把新报纸拿去给高栋，也许在别人眼里高栋更特别了，他的座位一米范围内都没人愿意坐。

"你流浪前做什么工作？"我忍不住又跟他搭话。

"我在某钢党校做了十年的教师。"他抬了抬眼睛，以示礼貌，"教英语和政治。"

"教师，多好的职业，三十岁就不做了？"

"辞职了，人的一生多短暂呢，工作什么的都是身外之物。你知道不？人的出生和起源是他的根，就像树一样，只有根扎稳了才能放心生长，我必须给自己一个交代。"高栋说这些话的时候似乎又回到了教师年代。

我又试着道："我觉得你学历不低。"

"可不是咋的，我是二十世纪八十年代的大学生，××大学哲学系本科毕业！"高栋提高了声调。

高栋对自己的学历应该是自豪的，可我深深地替他惋惜。二十世纪八九十年代，我国的精神病的治疗和管理都还在摸索阶段，甚至一些三线城市都没有一家正规的精神病院。人们不认识精神病，谈精神病色变，更惨痛的应该就是高栋这样的人，身为高知得了病却也不自知,不治疗,渐渐行走于社会的边缘,走了一条与之知识能力不匹配的路。

"我看了你的资料,我发现你去过很多地方,福建去得最多,这是为什么呢?"我始终觉得高栋选择这个地点是有特殊意义的,这将是我问话的突破口。

高栋听了皱起眉头问我:"那你到底能不能给我解决问题呢?你不能解决就不要知道这么多。"他的心理防御很强,三十年的流浪生涯给他包裹了一层铁壳子。

高栋的问题没人能解决。

我发微信问了救助站的小严,对方告诉我说,高栋所谓的"养父母"都去世了,他没有结过婚,无子女,无业,以往的亲戚们早就断绝了联系。他长久的流浪生涯中也有过上访和报警的经历。他曾经几次主动去派出所要求采集DNA,说自己是被抱养的。几次DNA检验结果都证明他就是"养父母"的亲子,高栋觉得这些人"不对劲",是冒充的警察。于是他到处伸张正义,一边流浪一边寻找"渠道",他认为一定有某种途径能解决这些年的不公待遇问题。

小严说:"高栋还是这样吗?那他这样我们也不能接他出去,没有亲人,原籍那边也不一定愿意接收。"

高栋还是得继续住院。他没有亲人,是流浪寻亲的,可精神病院的出院必须有亲人来接，或送回亲人身边，这是一个死结。我把以上沟通结果诚实地告诉了高栋，我不怕他情绪崩溃什么的，我觉得他相当"理性"，值得出示真实。

高栋知道以后显得很平静，可能常年习惯于"失望"的感受，已经有了一颗坚硬的心。他开始相信我确实是一个"白的"护士，愿意讲述自己的一些经历。

他说："我虽然出生在辽宁，但我是个福建人，我当然要去福建找我的父母。"

"你怎么知道你就是福建人？"我觉得匪夷所思，他是怎么得出的结论？他这个身材骨架一看就是东北人，在东南沿海一带流浪了三十年还是东北口音，东北基因真的很正宗。

高栋显然为这个问题找过无数证据，也向别人解释过无数次，此刻根本不想继续这个疲劳的话题，说道："我自有我的渠道，这是很多渠道综合得出的结果，你信不信我？信我就不要怀疑。"

"我自然信的。"我怕他又关上门，马上说，"那么当年你辞职以后马上就去了福建寻亲？"

"不是的，第一次去福建时我还没准备辞职。"高栋回忆道，"我刚知道自己是福建人，我的出生地就是厦门鼓浪屿，我就在那儿待了一个多月，思考了一个多月。"

"你的养父母呢？他们知道你去干吗吗？"

"不知道，不能说的，你要知道养恩和生恩是一样的。我骗他们我去参加学术会议，他们就信了。"高栋认真地说，又像老师给学生画重点似的向我强调道，"养父母活着的时候是不能说的。"

"在鼓浪屿寻到线索没有?"

"不用寻,我只需要等在那里。"

高栋有些遗憾,他没有等到自己期待的人。等谁呢?他期待的人根本不存在吧。年代久远,高栋当年的精神症状已不可考。他用自己独一无二的感知,形成了一个特殊的世界观,使他在现实世界中偏离轨道。

"后来我对自己的人生不满意,我不想做个教书匠了。我把工作亲人朋友都抛弃了,抛弃了以后,他们的思想就与我无关了,我跳出了高栏,我自由了。"高栋又说,他讲到这里时下意识地挥了挥手,像是又一次再见。

"来我们医院之前有没有被救助过?流浪也要有个安身之处,是吧?"

"有啊,救助过多少回了。"高栋无奈地一笑,"在2000年以前,我们国家都是强制救助。警察啊,城管啊,看见我在城市里捡垃圾,不问原因直接就把我拖走救助,那段时间我都不敢往城市里跑。2000年以后,叫作自愿救助,警察城管看见我,先问有没有身份证,有身份证,再看看有无犯罪记录。没有,好,才问我需不需要救助,我说我不需要,我有工作能力,我是自愿流浪的。"

高栋了解救助站,他这三十年的历程也是我国救助站的发展史。他用掷地有声铿锵有力的语调说道:"我流浪的时候什么地方都能睡,什么东西都能吃,实在不想过这个日子,实在是需要钱,我也可以工作!我是二十世纪八十年代的大学生,我做过党校教师，我什么工作不能胜任？！"

说到这里高栋像是想起什么似的停住了，我以为他会继续讲述他的经历，他却就此沉默了，慷慨激昂的交响曲被指挥戛然收止，余音还在我的脑海中萦绕不去。我看看四周，渐渐有病人围着我们坐了，他们也专注地看着高栋，无人评论，无人发言。

高栋看出我还在等待下面的话，挥挥手离开了，像是对我说：下课。

我能想象那个年代的青年人对知识无止境的渴望，高栋也一定是这样。可惜现已无处可用。无处可用的知识是有毒的，压抑得久了就会散发出怨气，自己都防不胜防。

他说他被多个城市救助过，但是他不承认救助时自己是潦倒的，他与一般的流浪汉不同，他怀疑世人眼中潦倒的定义。

"三十年，迷茫过吗？"我迄今为止的人生也就三十二年，我不知时间的流逝对高栋来说是否有意义，但对我来说真的很久。

"迷茫过呀。有时候我的信息渠道发生了改变，我的线索产生了断裂，我迷茫过，没有方向。"

"想过回头吗？不找了，就与养父母过一辈子，也是一种生活。"

高栋摇摇头，说："不，这是我自己选择的路，人应该为自己的选择付出代价，迷茫就是我的代价。迷茫的时候我就朝着一个方向走，从福建徒步到上海，再沿着长江走到南京，从南京折往南方，最后走到了三亚，走着走到海边，中国的版图也走到了边。"

"能告诉我你的渠道是怎么来的吗？你觉得渠道得来的消息可靠吗？"我想了又想，还是直白地问出了这个疑问，不知这是不是他精神高塔下的那块基石。

高栋打量了我一会儿，沉吟半晌，终究是选择不说："我自有我的道理。我认为你问出这个问题，就是不相信我，既然不信任就不必说那么清楚。"

我点点头，说道："是的，这是你的权利。高老师，我是护士，我担心你，你也许出院以后还会继续寻亲继续流浪，可是在我看来你的身体已经不适合继续了，应当用理性的态度去看待问题。"

我们给高栋做了一系列身体检查，他的血压血糖都有点高，不论他的精神支柱有多强，身体各器官功能在长年流浪生涯中已经从内部逐渐衰退。

高栋看着我的眼神有点惊讶，这个称呼就像个尖锐的石头，把他坚硬的外壳敲出一点裂缝，流露出他骨子里的倔强，他提高音量说："理性？理性是什么？理性在市场经济之下的定义叫作谋求自身利益的最大化，那么只要我的自身利益达到我所能达到的最大化，我就是理性！我追求的自身利益是什么？那就是找到我的根！千万别把自己的人生过成别人的人生！"

我点点头，示意他保持情绪稳定，不再交谈。

"你不要可怜我，你能解决问题就解决，不能就算了呗。"他转过头去看报纸，也不再理我。

我和高栋并没有因为那场不欢而散的谈话停止交流,只是我不能再继续寻亲这个话题,也没能撬动高栋精神世界的那个支点。他甚至笑话我,说他学心理学的时候我还没出生,我在他面前就别背课文了。他只肯唠唠流浪途中的所见所闻,闭口不提精神症状,如果有别的病友凑上来听,他就连流浪也不想多谈了。

在精神病学中,意志是指个体在生活和社会实践中自觉地确定目的,并根据目的调整自己的行为,克服困难,以达到预定目标的心理活动。目的性越强,意志力量就越强,对行为的影响就越大。意志行为指向的目的称作目标,它是行动所要达到的结果。

我觉得在高栋含糊的描述中,寻亲是目的,在鼓浪屿等的那个人才是目标。人是有生活轨迹的,冥冥之中高栋通过某种"渠道"得知了那人的信息,抱着巨大的期待去寻。期待本身就蕴含巨大的能量,可以与他经历的种种困苦相抗衡。期待不灭,他就拥有所有的可能性。

他曾经说,他不孤独,绝对的孤独是不存在的。但我仍从他身上感受到孤独,我是旁观者。

我在时间长河的对岸,看到他一个人在期待落空时周身都溢出痛苦和孤独。

高栋出院的那天我不在单位,再去上班时那个角落已经没有人了。

我想起高栋与我的最后一次谈话,他说:"我工作的时候对自己的人生是不满意的,觉得焦虑,在这种焦虑之下我什么都做不好。你看树为什么可以在一个地方好好长着?因为它知道自己是树啊,根扎稳了就行了,剩下的交给时间。人必须给自己一个交代。我走在流浪的路上,苦,至少我心里是不焦虑不空虚的。"

如果不是疾病,他真是一位好老师。

酒酣白日暮,走马入红尘。愿高栋在流浪之路的尽头,与自己和解。

我被植入芯片了

他的惧意比想象中还庞大,他发现每个路人都好像披着画皮,不知画皮之下是否掩藏着不可告人的秘密。

我在精神病院种蘑菇

　　小时候我们家住在我妈单位的家属区，就是二十世纪九十年代给自己医院员工造的那种小区。对了，忘记讲，我妈以前也是护士。小时候我特别怕经过家属区通往医院门诊的小路，每当放学或周末时间，路边常有个十几岁的少年一边骂人一边砸砖头，偶尔还会看到他拉扯年纪小的孩子。我很害怕，一看到那少年的身影就拔足飞奔，生怕被追上。

　　后来没两年，这少年就不见了。少年的父母和我妈是同事。我妈说，他在家用砖头砸弟弟，父母管不住，就被送到精神病院了。听我妈的口气，少年应该不会回来了，我应该彻底放心的，但经过那段小路时仍会不由自主地紧张，加快脚步离开。

　　那应该是我最早对精神病的印象。

　　我们病区最近也收到一个砸砖头的病人。

病 史 记 录	
姓名：仲涛　　性别：男　　年龄：55 岁　　病史：/	
诊断	偏执型精神分裂症。
患者信息	长相白净斯文，身材修长匀称，头发略长但是明显梳理过，是个很干净的病人。
病程记录	患者在外多次无故用砖块砸毁小区居民的花盆，无故在小区内部通道处叫骂，与居民发生冲突。 　　社区工作人员前往调解时发现患者行为紊乱言辞荒谬，称自己已经被人用芯片定位，遂送入院治疗。

他看见我微一点头，眼神与我稍一接触就转向别处，观察着新环境，局促地站在病房一角，我实在想象不出他骂人砸砖头的样子。

"听说你跟社区工作人员吵架？"

"没有，就辩论了几句。"

"听社区的人说，你觉得大脑里被植入芯片了？"

"这个是的，是不争的事实。"

"嗯，行吧，在我们这里好好住院，救助站会帮你找家人，好吗？"

仲涛欲言又止，我等了一会儿，他还是什么也没说，或许是他没有准备好现在就说。

过了会儿我得到一个医嘱，医生给仲涛临时加药。虽然他现在情绪很稳定，但是在入院初期，病情还不够明朗时，医嘱上仍需进行必要的抗精神病治疗。我把仲涛叫到护士站门口来核对，他马上去倒水准备吃药。

看他这么配合，我忍不住问他："仲涛，你觉得自己有精神分裂症吗？"

仲涛一秒钟也没犹豫，干脆地说："没有。"

我又问："那你知道这是治精神病的药吗？你为什么愿意吃药呢？"

仲涛手心里捧着一粒小药片，无奈地笑笑说："不吃能行吗？你们也不同意啊，这不是没办法吗？"说完他一口把药闷了，主动张开嘴巴给我检查。

我又问："你看，你都住了二十多天，也吃了这么久的药，自己觉得有改善吗？比如脑子很清楚，思路很清晰？"

"没有啊，吃了这个药感觉和从前也没什么两样。"仲涛指了指自己脑袋的左侧，说道，"我以为会治疗这个疤，姑且相信你们，但是这个疤痕也没有加速愈合。"

我知道那个位置，仲涛的左侧颞部有个"L"形疤痕，形状非常规则，也不知道是怎么弄出来的。仲涛说里面被一个神秘组织植入了芯片，这个芯片会读取他的思想。

我不禁感慨："嗯，仲涛，我觉得你真的挺好的，我好久没有遇到你这么好的病人了。明明没什么病，吃了药也没什么用，一切都是为了配合我们。"

护士们听到都忍不住笑了，我们护士长也笑了半天，笑完回味却有点心酸。我们上班上久了感觉不出来，也许在病人眼里我们是很"独裁"的。

我常看到有留言说，家人一出院就不肯吃药，觉得自己没病云云。其实很多病人在精神病院也觉得自己没病，也不想吃药的，只是和仲涛一样感觉到大势所趋形势所迫，如果他不配合不吃药不治疗，他就没法出院啊。

表面上的顺从，是病人们在精神病院的生存之道，是从精神病院回家的安全捷径。

仲涛来了两天，除了有点对陌生环境的警惕，其他方面都挺好的，日常生活全部都能自理，安排他参加康复活动他也愿意，对工作人员对病友态度也很好。医生查房问起病情，他都点点头笑一笑就过去了，好像真的"好了"。

反倒是我对他脑袋里的"芯片"念念不忘了。

"仲涛，你干吗不和医生讲芯片的事？"我问他，心里有点着急。

仲涛笑了笑说："说了又能怎么样，芯片一直在脑袋里。"

"你不想去掉吗？"我奇怪道。

"去掉？那我怎么证明有一伙要害我的人？"仲涛沉吟一会儿，又道，"我现在还没有搞清楚那伙人到底是什么目的，我需要保存这个证据。"

"嗯，也好。"我点点头。

仲涛估计没料到我是这种反应，眼神诧异了一会儿，也没说什么，我却立刻读懂了。精神科就是这样，干久了就有点"心有灵犀一点通"。很多病人不愿意和别人讲述发病经历，也许他们曾经讲过，但是被太多人否定和鄙夷，次数多了就变得沉默；也有部分病人自己都觉得这些经历匪夷所思，说出来也不会有人相信的，只得独自承受。尤其是男性的病人，更愿意自己"扛"。

我常常觉得自己起不到什么作用，唯一能给的就是"相信"。

"你应该和那个组织没什么关系。"又过了会儿，仲涛肯定地说。

"何以见得？"我很好奇他的结论，作为工作人员，排除病人被害妄想的泛化很重要。

仲涛说："假如你也是组织的一员，就不会这么说话。虽然现在人心很复杂，但你和我讲话的时候很中立，我可以判断出来。"

"那么这个组织会渗透我们医院吗？万一我们背叛你呢？"我给了仲涛一个假设。

这次仲涛花了点时间思考。他托着下巴，眼神聚焦在我背后的白墙上，又用温和的眼神打量我一会儿，像是自言自语似的对我说："你是中立的，你们医生护士应该是救人的，不是害人的，所以我还是可以跟你讲一讲。"

我没有主动要求，也从不勉强病人讲述经历。仲涛像是太久没有信任过什么人，从没吐露过这些心中隐秘，讲起回忆时颇有些磕磕绊绊。

"我说的都是真的。"仲涛以这句话开头。

"我明白。"我对他点点头。我总觉得人类的精神世界广袤如宇宙，千万不要坐井观天。并不是说他们的话一定是现实意义中的"真话"，而是在精神世界中，那就是他们所经历所体验到的"真实"。

"我以前是做生意的，家里开火锅店。十几年前我与我老婆白手起家的，做得很不容易。你之前问我的家庭，我现在可以说，我父母都在世，和老婆也没离婚，有一个儿子在读大学。"

我奇怪得很，这家庭还是蛮幸福小康的，照理说他不该流浪啊。想到这里，心底不由得感到一丝悲哀。

说完，仲涛长长地叹了一口气继续说："我其实已经出来四五年了，身上的钱也花得差不多了。我跑过很多地方，也找过一些工作，但是没有一个做得长的，也没有一个地方能长久地住下。"

这话没头没尾的，可我瞬间就明白了，他和很多存在被害妄想的病人一样，一直在"逃"。我认识的病人中"逃"得最远的，去了南太平洋秘鲁附近海域。那个病人也是存在严重的被害妄想、被跟踪感，觉得手机被人监控定位了，觉得周围环境不安全，个人隐私被窃取了，不断更换城市打工，最后觉得陆地上都不能待，得去海上，最后做了远洋渔船的船工，出海钓鱿鱼去了。

早在五年前，仲涛就感到周围不对劲了。

"具体是不是五年前,我现在反而不能确定了,我的思维被窃取过一次。"仲涛仿佛被什么东西刺伤一样眯起眼睛,但也就一瞬间,很快又恢复了温开水一样的神情。

毫无预兆的某天,他感受到空气中有一种无法形容的波,这种波动会影响他的思考。最初,波只在震动时发生干扰,正在思考的事情就像断了线的风筝一样飞走,无法继续进行。渐渐地,波变得密集了,干扰强度也增加了,有时刚起一个念头就被迅速掐断。后来,波密集到一定程度,形成了一个实质性的东西,仲涛看不见但能切实感受到,这个东西,他把它称为"芯片"。

"等等,这时候芯片已经存在于你的脑袋里了吗?"

"不,没有,我不知道具体在什么位置,芯片是波融合了我的思维逐渐形成的,所以它是可以定位我的,我逃不掉。"

万物皆有起源,波是从哪里来的呢?为什么其他人感觉不到波?仲涛感到困扰和焦虑,他深刻地怀疑自己不对劲了,但是这个体验又如此真实,叫他不得不信。

"我那会儿老是掐自己。"仲涛说着又掐了一把自己的胳膊,再次体验熟悉的痛觉,"痛觉在,波也在,真真切切地能穿透我的头骨,不断地产生粉碎性的痛感。"

仲涛是个生意人,他以前常有些投资想法、经营理念。自从波干扰他以后,他就无法思考了,直到芯片形成,他渐渐发现之前飞走的想法并不是消失了,而是被这个无形的芯片给窃取了!

仲涛的焦虑似乎也凝成了实质,变成无数个自己的影子,重重叠叠密密麻麻地围观着自己。他觉得呼吸有些不畅,各种情绪转化成图像纷纷浮上脑海，他几乎无法入睡。即便是第二天早上醒了也不确定有没有睡过。

"我不能这么被动，我得找到原因。"仲涛说。

人在发现健康状况发生改变的时候总会不由自主地寻求答案。而偏执型精神分裂症之所以偏执，是因为病人的妄想症状在日积月累中变得环环相扣，形成了他主观上的"证据链"，与个人经历、当时情境息息相关，无法被客观事实说服。发病时间越长，经历的事件越多，越无法说服。

仲涛就像一个在茫茫沙漠中追寻海市蜃楼的旅人，孤注一掷地寻求"真相"。某天，仲涛在追查波的过程中，意外地发现了一个"组织"。

"组织？"我重复了这个词。

"嗯，这是一个庞大的计划，环环相扣的过程复杂到你难以想象，我也无法用语言描述出来告诉你，这绝对不是一个人可以做出来的事。"仲涛不由得攥紧了拳头说，"他们应该有很多人的，每次任务会派几个人盯着我。"

"盯着你？"我指了指自己的眼睛。

"嗯，我的一举一动都在他们的监视下。"仲涛说。

我发现仲涛是个逻辑十分严谨的人，可在精神科，越是严谨越是难治。他们将用"证据"把自己说服，带着自己走进狭窄幽深的思维秘境。

"可我不怕，邪不胜正！"仲涛说。那天之后他开始观察周围人，留意身边人的一举一动，甚至夜晚打烊后在自家店里看监控，寻找"别有用心的人"。

最先发现仲涛行为异常的,就是他老婆。她发现仲涛变了,他根本无心做生意,不管店面也不肯进货,每天要么在店里看客人进进出出,要么在监控前看客人吃吃喝喝,偶尔发现什么不同寻常之处,还要躲在阴影处偷看客人。

仲涛如此反常鬼祟的行为也有不小心被客人发现的时候,人家害怕他的眼神,直接把他们家的火锅店投诉了。为此他老婆跟他大吵一架,仲涛就是在那次吵架以后决定离开家了。

"为什么?"我问道,"你可以解释,告诉她原因。"如果仲涛那时真的解释了,会不会及时发现精神异常?会不会及时就医?是不是就可以直接省略这些年的流浪?

"吵架以后,我发现很多事情原来她都知道,原来她也在监视我。"仲涛在说起这事时格外沮丧,对他来说应该是一次严重的心理打击,他说,"我现在无法确定我老婆是不是那个组织派来的人,我觉得她和我吵架就是一次暗示性的'摊牌'。多可怕,我由衷地觉得害怕,连最亲密的枕边人都被那个组织渗透了。"

他想到这里,突然感受到一股无边无际的黑暗,瞬间压碎了他自以为是的坚强。

这个家不能待了,走吧。

他几乎是在下定决心的同时就打包了行李,带了部分积蓄、生活必需品和衣物,不告而别,远走高飞。

离开家庭后开始几天,仲涛感觉到了自由,呼吸变得轻松,吃饭也不再如鲠在喉,甚至可以分清楚自己有没有睡着。也许这就是陶渊明诗中的感觉，久在樊笼里，复得返自然。

可好景不长，有天他在路上走着，被人无缘无故地撞了一下肩膀。陌生人错身而过的瞬间，口里含糊不清地骂了一句什么，仲涛回头看他的时候，那人也看了仲涛一眼，最后这个小小的碰擦就不了了之。

但是在仲涛的精神世界里，事情却没这么简单。仲涛觉得这事绝非偶然，大千世界芸芸众生，大路朝天各走一边，为什么非要选择他撞一下？为什么撞他的非要是这个人？对了，思维，刚撞了一下顺带撞走了很多思维，仲涛回过神来的一刹那，发现有很多重要的事情想不起来了！仲涛的后背升起冰冷的恐惧感，无形之中有个东西正在窃取他的思维，他一想到什么就会立刻被那邪恶的组织知道。

仲涛感到自己正陷入万劫不复的泥潭，不知哪个脏腑先升起了寒意，迅速渗透了全身。他转头看向身边，似乎潜意识在要求他寻求帮助。可仲涛不敢，他的惧意比想象中还庞大，他发现每个路人都好像披着画皮，不知画皮之下是否掩藏着不可告人的秘密。

混乱的思维被无形的波干扰，就像下了雨的湖面，水珠乱跳，雾气迷蒙。仲涛觉得命运不公，为什么偏偏要窃取他的想法？为什么他的遭遇别人感受不到？世上还有公道和真理吗？

"我绝不能被这些人随意拿捏。"仲涛说着，再次攥紧了拳头。

"确实，所以你反抗了吗？"我感受到他的愤怒。

仲涛点点头，他给我举了几个例子。比如他为了收集证据，写过一本真理集，记录了很多路上的所见所闻，但是非常不幸，这本集子被盯上了，神秘组织派人来偷走了；比如他走在路上，会有车子在他面前突然加速，多亏自己警惕性高，一次次地逃过。

但是也有没有逃过的时候，有一次，仲涛出租屋内的空气被神秘组织下了毒，他不记得当时自己在做什么，莫名其妙晕了过去，醒来时左侧颞部多了条"L"形的疤痕，夹在黑白混杂的头发中间也十分地显眼，正是仲涛前几天指给我看的那条。

"芯片就是从这里塞进去的，事情就结束了，没办法了。"仲涛摸了摸那道疤痕，对他来说，这是反抗失败的证据。

仲涛不再继续，他认为芯片的故事到这里就应该结束了。

"可你还记得自己为什么来精神病院吗？为什么在小区里砸砖头？芯片与砖头有什么联系吗？"我还是感到疑惑。

仲涛说，这是"震慑"。

前面说过，仲涛本来是做生意的，他有积蓄。四五年间省着花销还能支撑，他来到本市后在某个老小区租了个车库住着。这车库位置不太好，靠近路口，拐个弯就是小区的主干道了，所以他经常一出门就看到汽车向他迎面驶来。

"你知道车子直接往你面前冲，想要撞你的感觉吗？"仲涛不由得睁大了眼睛，右手模拟成一辆汽车往前猛冲，又道，"每次，每次我经过的时候，一定有车子突然加速！你觉得这是为什么？"

"我出门的时候还经过一面墙，墙上有张酒的广告，那人手里端着酒杯，但酒杯是空的，你觉得这是什么意思？"仲涛做着广告里喝酒的姿势，假装端着酒杯。

我摇了摇头，示意他告诉我。仲涛转过手指给我看这个"酒杯"，认真地说道："没酒的酒广告，还贴在我必经之路的墙上。这就是那个神秘组织的暗示啊！暗示我命不久（酒）矣。"

"原来如此。"我心里哭笑不得，他这解读确实符合当时的情境。

"我害怕，太害怕了，我也是人，凭什么要被他们这样对待？我就对他们砸砖头，表达愤怒！人必须表达，如果你放在心里，别人永远也不知道！他们就会加倍地欺凌我！他们监视我，他们看得见，我这样做就是一个震慑，我不是好惹的！"仲涛激动地挥着手说，好像那伙人此刻就出现在这里。

"砸过人家车没？"我担心他赔得身无分文。

"没有，车开太快了，我年纪大了也追不上啊。"

还好还好。

漂泊了五年，仲涛的父母健在，有妻有子，他回过家吗？我不禁问出了口。

仲涛本不想说的，看我似乎在等待，只好说道："回过的，过年的时候偷偷回家看看他们，也去过儿子的大学，远远地看一眼就好。"

"不见面？"

"不见面，我不敢见面。万一我暴露了自己的行踪，那些人要害我家人怎么办呢？万一他们也像这样被坏人植入芯片，我要怎么救他们才好？所以我不能回家，不能让他们变得像我这样痛苦，我不能见他们，我想办法让他们知道我还活着，我只是去寻找芯片的真相了。我就远远看着，看到他们活得好好的，很安全，就好。"说完，仲涛竟笑了。

"嗯，你现在也很安全，我们医院里很安全的。"我连忙说道。仲涛微笑着点头，摆摆手离开了，他说准备到活动室去找报纸看。

痛苦，无法解脱，但好在只需他一人承受，这真是不幸中的万幸。也许这就是他漂泊在外的意义。

我不由得又想起小时候家属区里砸砖头的疯少年，也许他只是想拥有玩伴，也许他只是发泄不满。若当时勇敢一些，与他说几句话，他的人生会不会有所不同呢？如今我能做的也不多，但至少能让他们有机会诉说异常行为背后的故事，让他们知道世上仍有一个角落能包容一切。也许，这就是我从事精神科工作的意义吧。